110 Aran Patterns

日本宝库社 编著 蒋幼幼 译

阿兰花样110

河南科学技术出版社
·郑州·

目　录

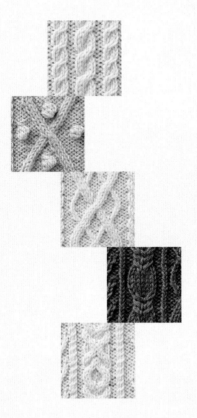
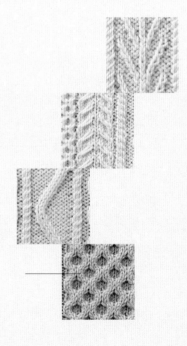
样片使用线材
芭贝 Queen Anny

封面使用花样
p.60(069) / p.18(010) / p.62(072) / p.72(087) / p.21(016) / p.24(021) / p.44(047) / p.78(095) / p.17(007) / p.63(074) / p.30(031) / p.34(035) / p.18(009) / p.14(002) / p.36(037) / p.14(001)

尝试编织作品吧 —— 89
Let's Try the Projects!

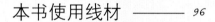

阿兰群岛与阿兰花样

short story

这是伊尼什莫尔岛的风景，岩石筑起的石墙围出了一个个区块。

欧洲最西端不为人知的"秘境之地"

爱尔兰位于欧洲西部的爱尔兰岛南部，国土面积约为全岛的84%，相当于日本的北海道。虽然1949年4月爱尔兰宣布成立共和国后自动退出了英联邦，但是爱尔兰岛东北部约16%的面积至今仍属于英国，也就是现在的北爱尔兰。

阿兰毛衣的发源地便是漂浮在戈尔韦海湾口的"阿兰群岛"，位于爱尔兰首都都柏林以西200千米。自西往东由伊什莫尔岛、伊尼什曼岛和伊尼希尔岛这3个岛屿组成，在盖尔语（凯尔特语）中的意思分别是"巨大的岛""中间的岛"和"东面的岛"。

伊尼什莫尔岛是极具人气的旅游胜地。从春天到夏天，游客络绎不绝。

强风从大西洋吹来，空中密布着低沉的乌云，岩石堆积的石墙将贫瘠的土地划分成一个个区块……这样的景色很容易让人联想到人迹罕见、鲜为人知的"秘境之地"，而现在的阿兰群岛却是爱尔兰代表性的一大观光胜地。从西岸城市戈尔韦乘坐公交车和轮船仅需40分钟，从爱尔兰主岛乘坐轻型飞机仅需10分钟左右即可抵达阿兰群岛，交通十分便利。在伊尼什莫尔岛的门户基尔罗南港，各种手工艺品店、咖啡馆和纪念品商店迎接着游客的到来。

岛上的主要产业是土豆种植等农业和渔业。男人们在木制桅杆上悬挂船帆，乘坐涂了煤焦油的帆船出海捕鱼。据说阿兰群岛冬季的大海总是波涛汹涌，因而捕鱼时遭遇海难的事件也屡有发生。

毛衣背后的神秘传说

让阿兰群岛闻名遐迩的是约翰·米林顿·辛格（J.M. Synge）的戏剧《骑马下海的人》（*Riders to the Sea*）（1904年首演，讲述了严酷的岛上生活），以及1907年出版的游

伊尼什莫尔岛的门户——基尔罗南港。各种手工艺品店和咖啡馆迎接着过往的游客。

说中的一边向神灵祈祷一边编织的阿兰毛衣。结构缜密、宛如浮雕般华丽的花样超越时代和潮流，不仅俘获了我们的心，更是瑰丽的文化遗产。

坚信礼的纪念照。少年们都穿着原白色的阿兰毛衣。

（本文重新编辑了1992年出版的《阿兰花样100》中的文章。）

记随笔《阿兰群岛》（*The Aran Islands*）。另外，1935年公映的英国纪录片《阿兰人》（*Man of Aran*）以及随着电影广为流行的"阿兰贝雷帽"更是让阿兰群岛举世闻名。

从19世纪中叶到20世纪，作为英国渔民的工作服逐渐固定下来的"根西毛衣"传到了爱尔兰。到1930年，阿兰花样已经形成了自己的特色。经营手工艺材料的实业家海因茨·基维（Heinz Keiwe）将目光投向了与根西毛衣一样使用铁青色毛线编织的阿兰花样毛衣。他将毛衣的颜色改成原白色，并将每一种花样与阿兰群岛的生活及宗教意义联系起来，向全世界推出了全新的阿兰毛衣。

1938年，玛丽·托马斯（Mary Thomas）出版了《阿兰花样集》。1955年，堪称英国传统编织复兴的奠基人格拉迪斯·汤普森（Gladys Thompson）出版了著名的《根西毛衣和泽西毛衣编织花样》，并在书中盛赞"阿兰毛衣是最高的编织艺术"。

1950年左右拍摄的一张记录阿兰群岛"坚信礼"（一种基督教仪式，相当于日本的成人仪式）的照片中，大部分男孩都穿着原白色的阿兰毛衣。由此可见，原白色的阿兰毛衣是少年们的"盛装"。从当时的风俗习惯也可以得知，阿兰毛衣已经发展成了爱尔兰的新兴产业。

"如果渔夫在出海打鱼时遇难身亡，人们可以通过身上的毛衣花样辨认其身份……"这是众所周知的关于阿兰毛衣的传说，阿兰花样起到的作用就如同家徽一样。实际上，织入毛衣中的各种花样只是编织者个人喜欢或擅长的花样，阿兰毛衣并没有这样的历史和深刻含义。话虽如此，人们在精心编织阿兰毛衣时无疑寄托了对家人的祝福，祈祷那些冒着生命危险出海捕鱼的家人能够平安无事。再加上类似的带有神秘色彩的传说，阿兰毛衣获得了全世界的青睐。即使在远离阿兰群岛的现代日本，说起阿兰毛衣就会想到"麻花花样的毛衣"，它已然是家喻户晓的时尚编织。

"编织的每一针都是在通往神灵的道路上"，这就是传

伊尼什莫尔岛的名胜古迹敦安古斯城堡（Dun Aonghasa）。相传这里也是沉入海底的亚特兰蒂斯大陆的边界。

代表性的阿兰花样

Aran Sweater Patterns

麻花 Cable

这是阿兰毛衣中最常使用的编织技法，并且衍生出了非常多的变化。所谓"麻花（Cable）"，直译为"缆绳"，指的是农夫捆绑农作物的粗绳以及渔夫使用的安全绳等。对于阿兰群岛上过着半农半渔生活的人们而言，可以说"麻花"是密不可分的花样。

简单的麻花花样

p.63 ▶ 074
4针×4行／大小适中，方便与任何花样组合

p.14 ▶ 001
4针×6行／恰到好处的尺寸感

p.49 ▶ 055
6针×4行／形似真的缆绳

p.21 ▶ 016
6针×6行／别致又紧实的麻花

p.43 ▶ 046
6针×8行／形状比较宽松圆润

p.23 ▶ 019
6针×10行／突出了柔和的弧线

p.70 ▶ 085
6针×14行／仿佛一个个下针的椭圆形串联在一起

变化的麻花花样

p.30 ▶ 031
双麻花／交叉方向对称的2条麻花并排在一起的形状

p.17 ▶ 007
辫子形麻花／编绳的意思，类似3股辫的形状

p.48 ▶ 054
波浪形麻花／每次交替改变交叉的方向，表现出波浪的高低起伏

p.49 ▶ 055
锁链形麻花／2条波浪形麻花对称排列的形状

p.15 ▶ 003
勺子形麻花／圆圆的中空形状。包含了希望家人能够获取足够营养、身体健康的祈愿

Diamond
菱形

就像纸牌的方块图案纵向连接在一起，主要象征着成功和财富，或者代表婚姻生活等人生的起落沉浮。有时也会结合麻花花样（代表渔夫的缆绳，与渔村的繁荣息息相关）一起使用。

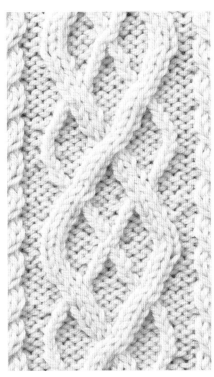

p.48 ▶ 054
粗线条的菱形花样重叠在细线条的菱形花样上，
形成了阿盖尔菱形格纹花样

p.63 ▶ 074
菱形花样 + 变化的起伏针

p.41 ▶ 042
菱形花样 + 变化的桂花针

p.70 ▶ 085
结合菱形花样的尺寸加入了大颗的枣形针

p.58 ▶ 064
菱形花样 + 变化的麻花针

p.81 ▶ 101
细线条的菱形花样与镂空花样的组合

Tree of Life

生命之树

花样表现了茁壮成长的树干和大树枝，蕴含着长寿和子孙繁荣的美好愿望。

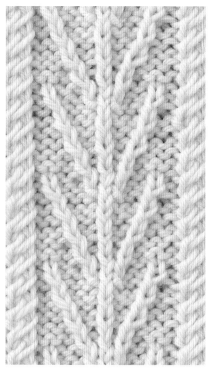

p.26 ▶ 025
向上伸展的生命之树表现了枝叶的繁茂

p.25 ▶ 023
向下的树枝表现的是整棵树的形态

p.61 ▶ 070
在枝头加上大颗的枣形针，花样如同累累硕果

p.39 ▶ 040
生命之树花样的变化。也叫作"交叉麻花"，含有"孕育生命"的意思

p.36 ▶ 037
生命之树花样的变化。用扭针编织的生命之树给人纤细精致的印象

p.40 ▶ 041
取沙漏或水钟的形状，叫作"沙漏形麻花"

黑莓 Blackberry Stitch

代表爱尔兰特有的黑莓（浆果）。另外还有"疙瘩"和"绳结"（Knot）等叫法，也有"孩子"的象征意义。因为是从1针里编织出来的针目，所以变化也非常灵活。

p.58 ▶ 065
使用钩针编织的"3针长针的枣形针"

p.59 ▶ 066
中长针的枣形针颗粒比较小，形状圆鼓鼓的

p.70 ▶ 085
从1针里编织出"5针7行的枣形针"，颗粒比较大

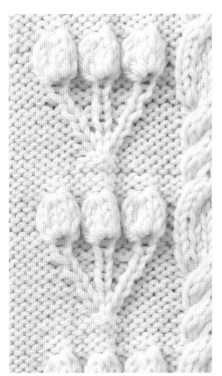

p.60 ▶ 068
椭圆形的泡泡针好像笔头草的顶部。泡泡针部分要注意针目的加减

p.62 ▶ 073
拆开已织针目编织的泡泡针像极了花蕾

p.65 ▶ 078
用"3针并1针和1针放3针"编织的颗粒状花样

锯齿 Zig-Zag

表现了岛屿沿岸断崖边上的蜿蜒小路。

p.43 ▶ 046
通过下针与上针的交叉，使花样每2行偏移1针

p.43 ▶ 045
2条平行的锯齿花样也象征着婚姻生活

p.49 ▶ 055
对称排列的锯齿花样形成了菱形图案，在中间编织桂花针

龙虾钳 Lobster Claw

爱尔兰海上盛产龙虾，下面的花样让人联想到大龙虾的钳子。意味着渔业的丰收。

倒海鸥 Inverted Gull Stitch

花样的形状就像倒着的海鸥。

p.33 ▶ 034
特点是从麻花的中心向外重叠相同方向的交叉针，呈左右对称的形状

p.84 ▶ 106
在交叉针的正中间加入枣形针，极为可爱的变化

p.31 ▶ 032
特点是正中间有1条下针，交叉在上方的针目编织成滑针

布拉尼之吻 Blarney Kiss

这款花样让人联想起爱尔兰布拉尼城堡的巧言石（blarney stone）。相传亲吻这块石头，就会变得能言善辩。另外，"○╳"在西方国家的意思是"hug and kiss（拥抱和亲吻）"，代表着爱情。

格子 Trellis

包括阿兰群岛在内，石墙是爱尔兰西部常见的风景。这款花样代表的是为了保护农田围成的格子状的石墙。

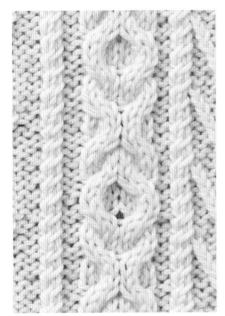

p.36 ▶ 037
花样由连续编织的2针交叉组成。关键在于左右两边交叉的方向

p.29 ▶ 030
布拉尼之吻的变化。花样富有力量感，略显复杂

p.51 ▶ 057
下针的线条在上针底纹上穿梭，上中下三层针目的阴影效果使花样更具立体感，犹如浮雕

竹篮 Basket Stitch

表现了渔夫使用的鱼篓的竹编花样，象征着捕鱼的成功和渔业的大丰收。

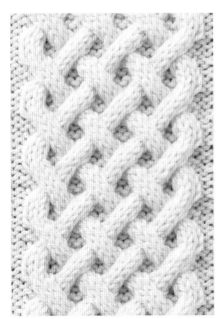

p.31 ▶ 032
仿佛将绳索上下交错编织而成，特点是织物非常厚实

p.52 ▶ 058
竹篮花样的变化。别具一格的花样可以用在作品的主要位置

p.79 ▶ 096
只要连续编织左上3针交叉，花样就会呈现出流动感

蜂巢 Honeycomb

表现了撒出渔网的情景以及蜂巢般的形状。正如勤劳的蜜蜂采集珍贵的蜂蜜，蜂巢花样也象征着艰辛的劳作。

桂花针 Moss Stitch

象征着不断增加的财富和长满青苔的土地。有单桂花针和双桂花针等多种变化。

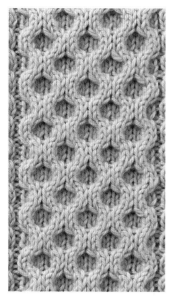

p.75 ▶ 090
连续编织锁链形麻花

p.17 ▶ 007
蜂巢花样的变化。对称编织1针交叉的波浪形麻花

p.15 ▶ 004
2针×4行的桂花针

人生之梯 Ladder of life

横线和竖线组成了"梯子"形状，寓意世人朝着永恒的幸福向上攀登。

罗纹针 Ribbing

交替编织下针和上针，织物具有伸缩性。根据组合花样的需要，有时也编织成扭针。

p.47 ▶ 053
5针×4行的小梯子。花样比较简单，可用于点缀

p.18 ▶ 010
7针×4行的梯子。经常用于身片的胁部等位置

p.16 ▶ 005
扭针的罗纹针可以防止纵向拉伸变形，让织物更加厚实

阿兰花样110

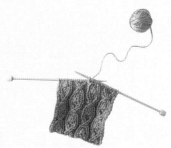

样片使用线材 芭贝 Queen Anny

花样符号图的看法

(A) 符号图的1格表示1针×1行。本书中,没有符号的格子表示上针。符号图中没有显示起针行。

(B) 符号图粗线框外的格子中的数字表示"1个花样的针数(不是重复花样时表示总针数)×行数"。连续编织同一种花样时,重复编织1个花样的行数(针数)。另外,不同行数的花样组合在一起时,则显示最大花样的行数。

(C) 编织图中加了底纹的部分表示每种花样的1个花样。不同行数的花样组合起来编织时,请注意整体花样的重复规律。

(D) 由中心向左右两侧对称排列花样的符号图中,有时会省略左侧的花样。省略部分请参照右侧的符号编织。

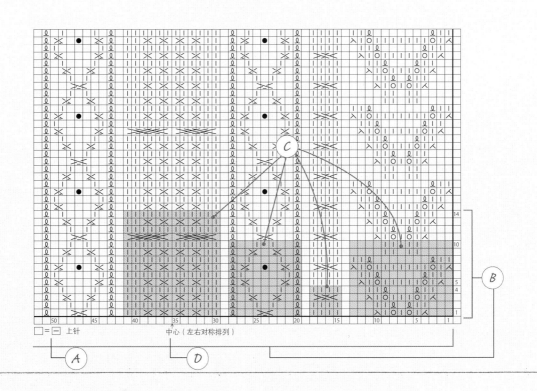

□ = │ 上针　　　　中心(左右对称排列)

从传统花样到各种交叉针组合而成的新款花样，可以演绎出丰富的变化。

001

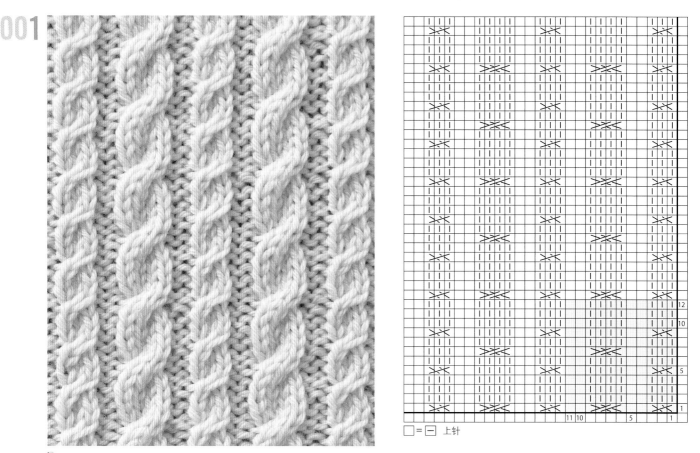

仅有1针之差，花样的感觉却如此不同。分别是4行1个花样和6行1个花样，注意不要弄错。

002

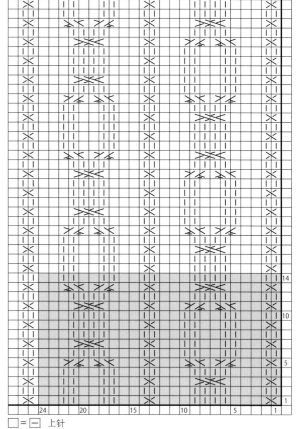

□ = □ 上针

错开了交叉位置的变化的交叉花样，显得更加灵动有趣。

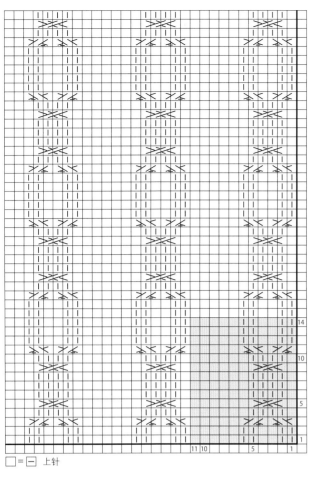

□ = ⊟ 上针

这款花样的重点是上针要编织得平整美观。如果没有自信，也可以在中间加入小花样。

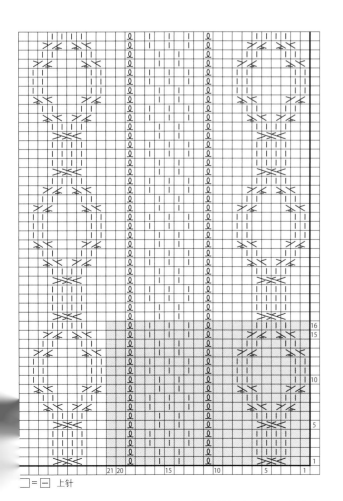

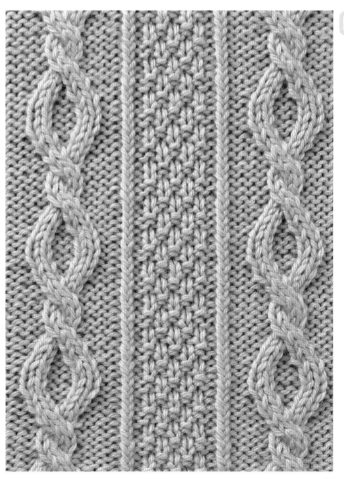

□ = ⊟ 上针

桂花针与麻花针组成的花样既简单又可爱。从小物件到毛衣，应用广泛，初学者也不妨一试。

005

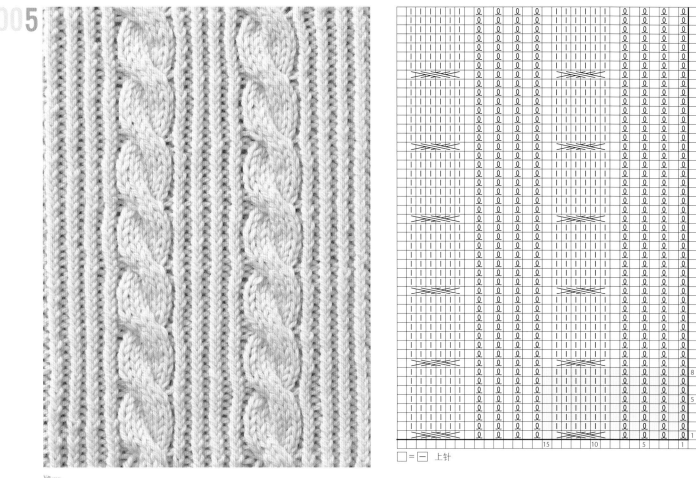

因为每行都有扭针，增强了织物横向的伸缩性。不要忘记每行都要编织扭针。

006

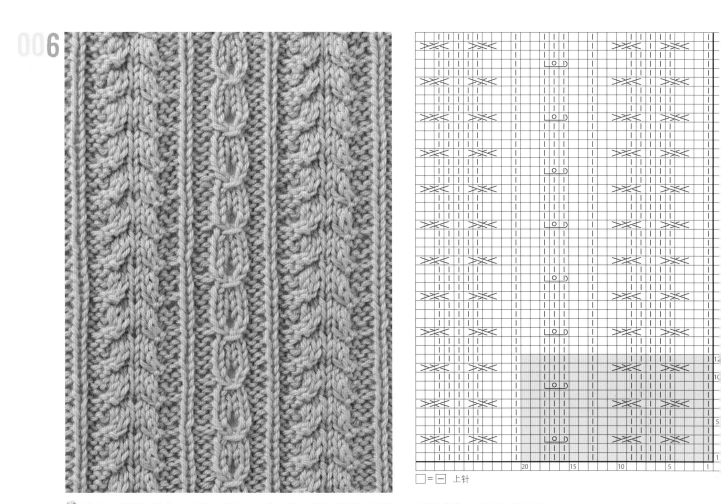

借助上针编织的交叉花样真是不可思议。注意盖针（铜钱花）与交叉针的操作有不同行的情况。

□ = □ 上针

由辫子形麻花与蜂巢花样组成。质地厚实,最适合用来编织外套和开衫。

□ = □ 上针

要编织出漂亮的生命之树,关键是左右两边的1针交叉花样要编织得均匀对称。

009

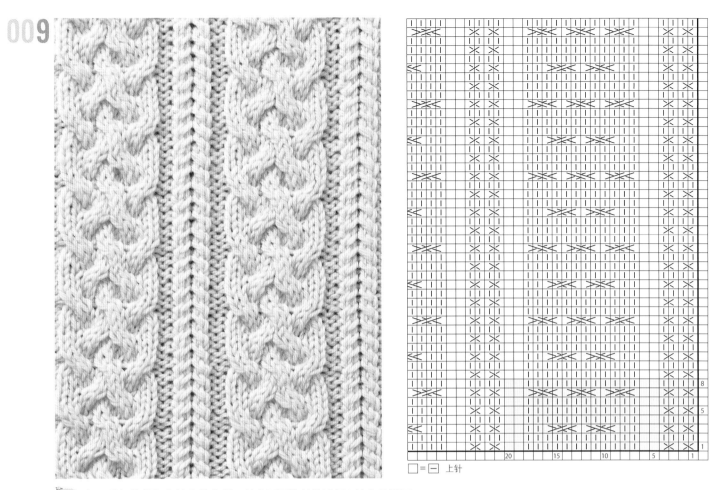

□ = □ 上针

🐑 乍一看好像很复杂的麻花花样，其实只要简单地重复2针交叉即可。

010

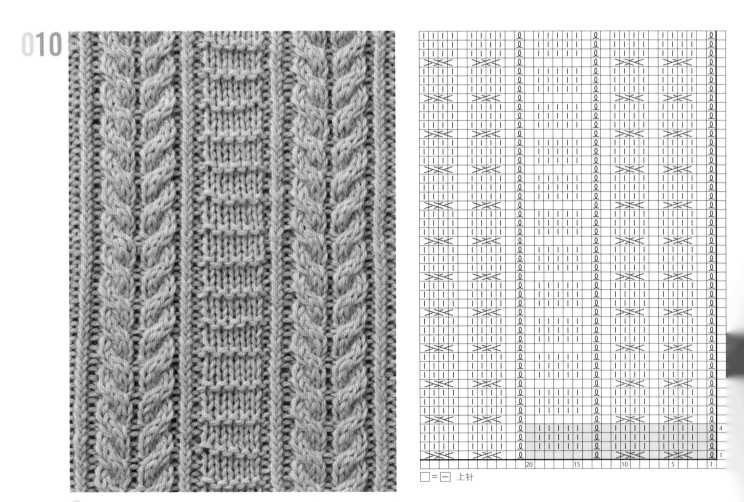

□ = □ 上针

🐑 夹在笔直线条之间的梯子花样在应用时可以调整宽度，十分方便。

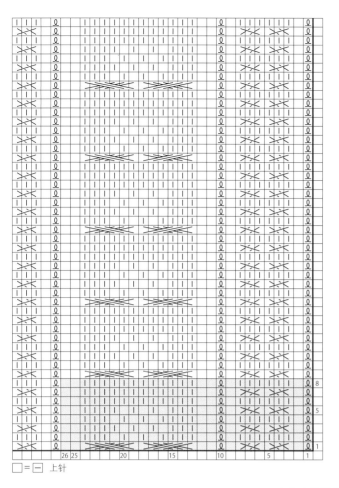

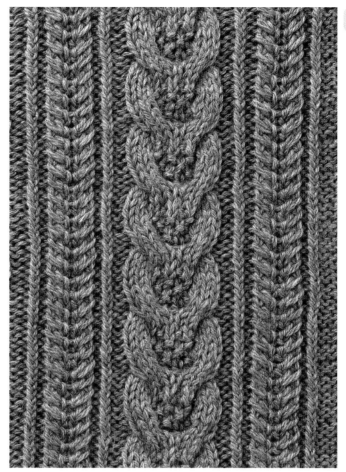

□ = ⊟ 上针

双麻花中的桂花针是一大亮点。下针和上针很容易弄错，编织时要特别小心。

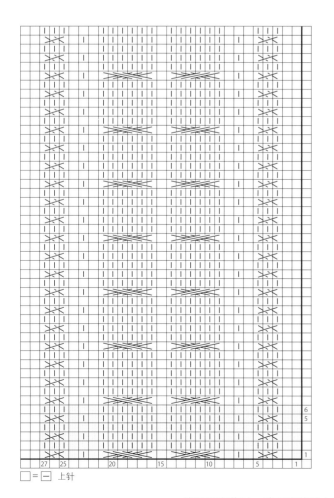

□ = ⊟ 上针

编织双麻花时，移至麻花针上的针目是该放在织物的前面还是后面，一定要弄清楚，别出错。

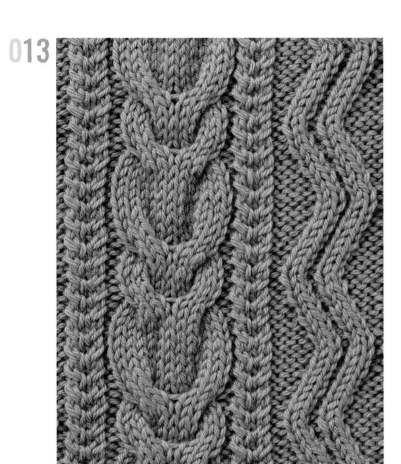

只是改变了双麻花的交叉频率，花样看起来更加精致。

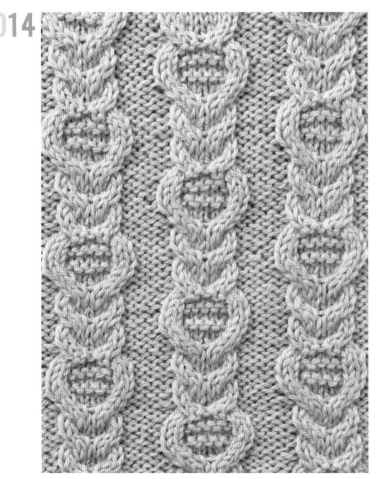

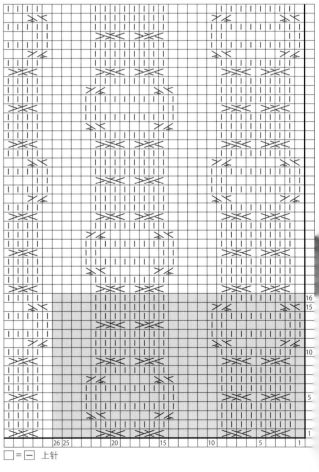

□=□ 上针

虽然有许多交叉针，花样却很容易编织。只要记住了交叉频率，就可以编织得很快。

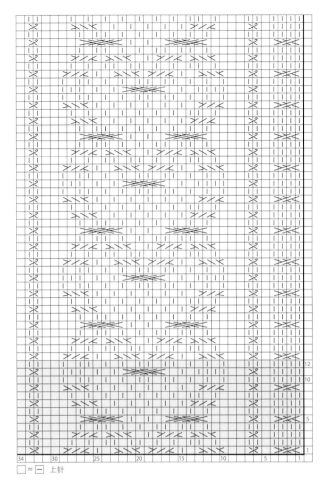

□ = 上针

心形的交叉花样与桂花针的组合十分别致。

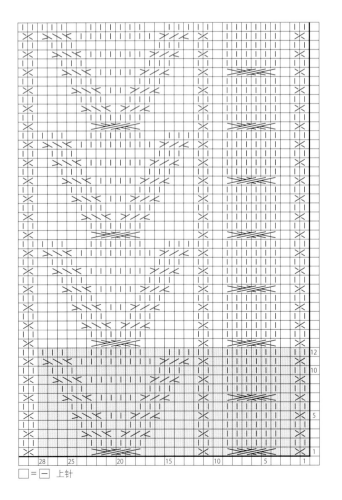

□ = 上针

上针中的交叉麻花格外显眼，V字形线条令人印象深刻。

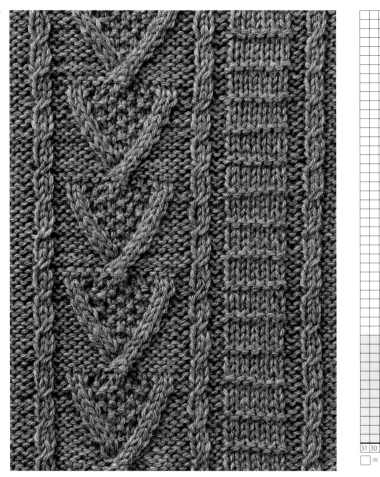

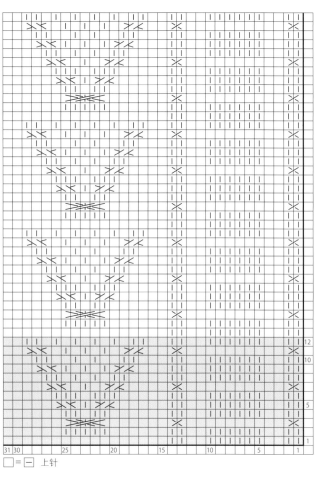

□ = □ 上针

小小的交叉麻花与梯子花样的组合清爽简洁。用来编织一款男士背心怎么样?

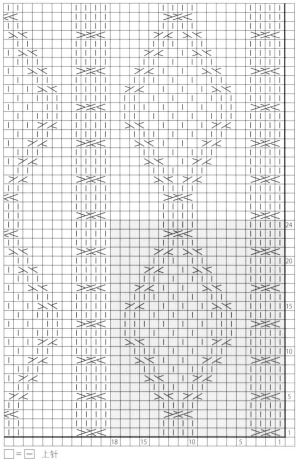

□ = □ 上针

这款花样非常适合设计在套头衫和开衫的中间部位。

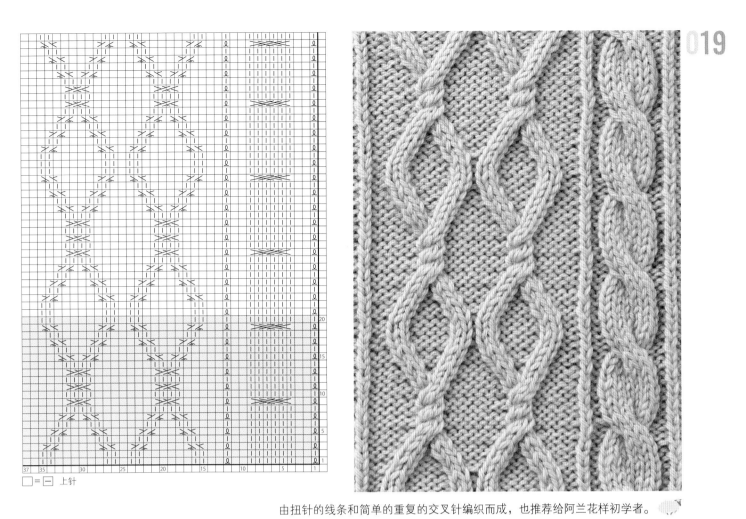

□ = 上针

由扭针的线条和简单的重复的交叉针编织而成，也推荐给阿兰花样初学者。

□ = 上针

锯齿线条组成的菱形花样仿佛将下针和起伏针部分划分得泾渭分明。

021

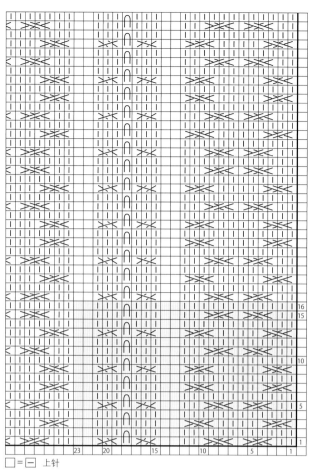

布拉尼之吻花样中的菱形图案富有节奏感，令人着迷。

022

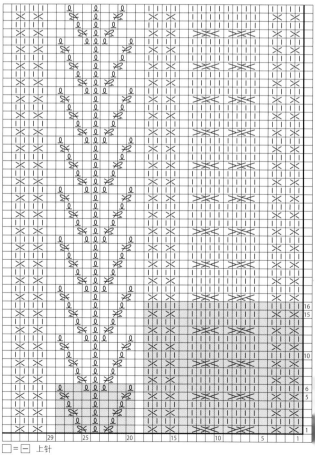

由于组合花样中的每个花样的行数不尽相同，编织时要注意不同花样的重复规律。

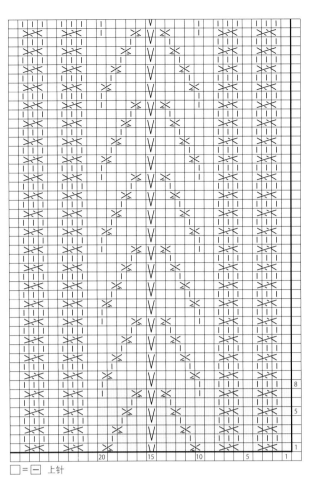

□ = ─ 上针

从正面编织的行一定有交叉针，在编织反面的行时可稍微放松一些。

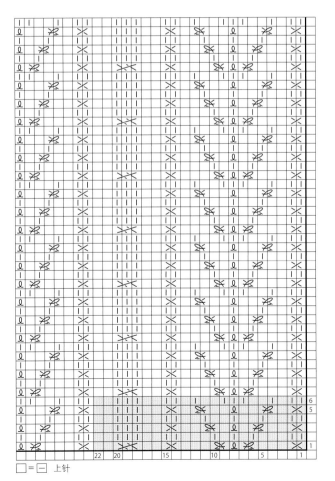

□ = ─ 上针

生命之树花样中的上针无须编织成扭针。如果每行都编织成扭针，花样会更加清晰明朗。

025

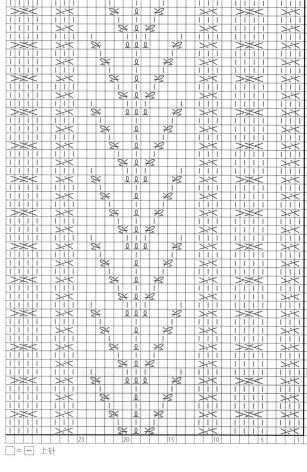

□=│─│ 上针

🐑 简单的组合，实用的花样。

026

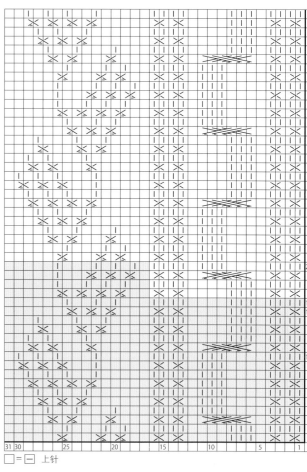

□=│─│ 上针

🧤 将3针交叉编织成下针与上针的交叉，呈现的效果与普通的麻花花样截然不同。

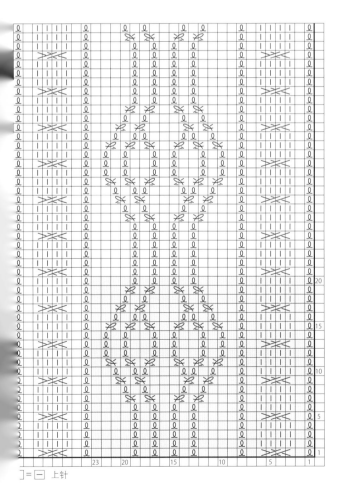

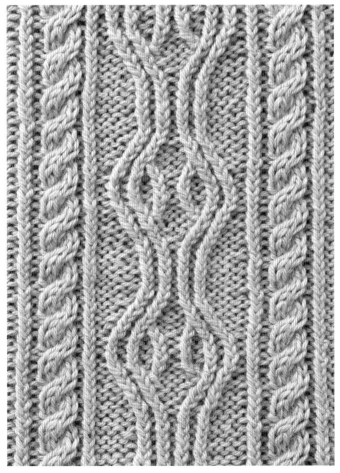

□ = 〔－〕上针

扭针的1针交叉，要注意分清是右上还是左上。不要忘记将下方的针目编织成上针。

□ = 〔－〕上针

扭针编织的线条使花样犹如浮雕般立体清晰。

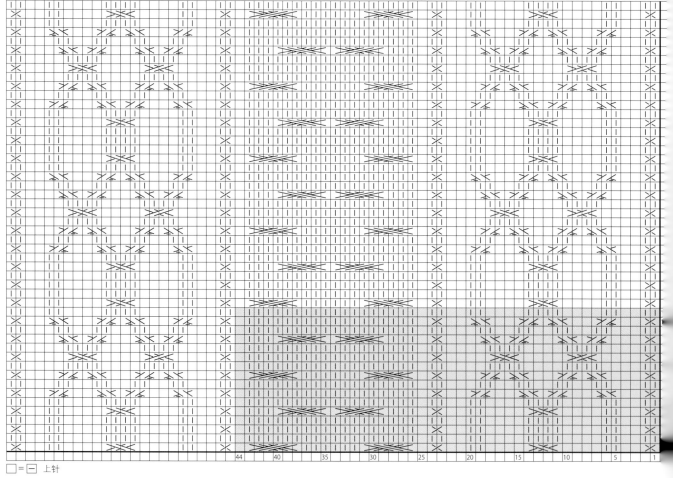

□ = — 上针

大型花样的组合给人粗犷有力的印象，建议用来编织男士毛衣等作品。

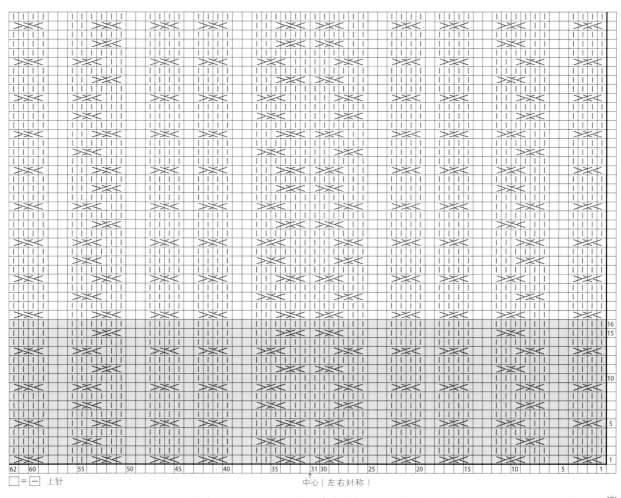

□ = □ 上针

中心（左右对称）

全部都是2针交叉，却演绎出丰富多彩的花样。注意中心的交叉针目容易产生缝隙。

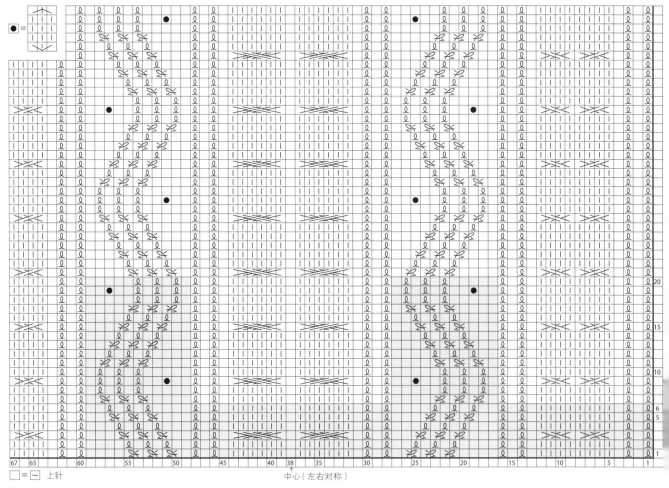

●=

□=－ 上针

中心（左右对称）

看似很复杂，其实是重复相同节奏的组合花样，编织起来会感到出乎意料的简单。

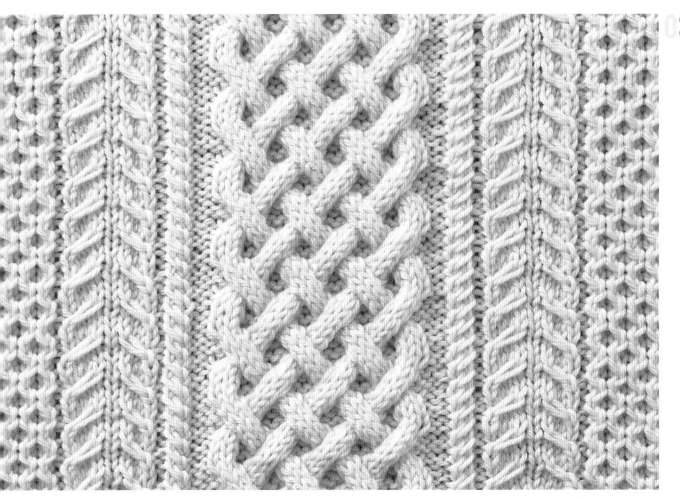

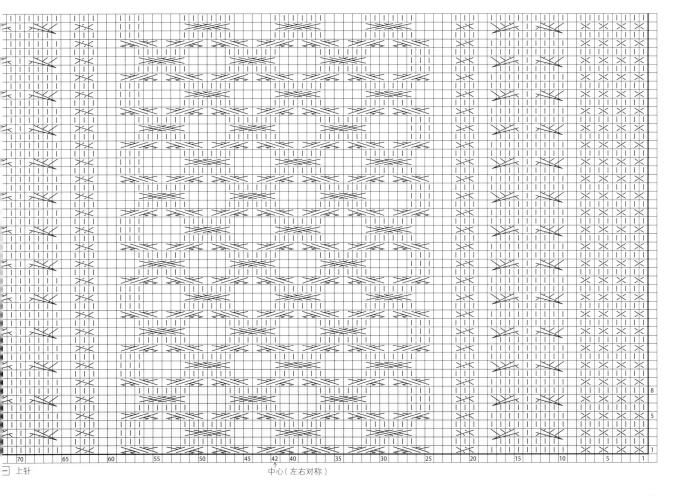

□ 上针

中心（左右对称）

滑针交叉的倒海鸥花样起到了很好的点缀作用。

31

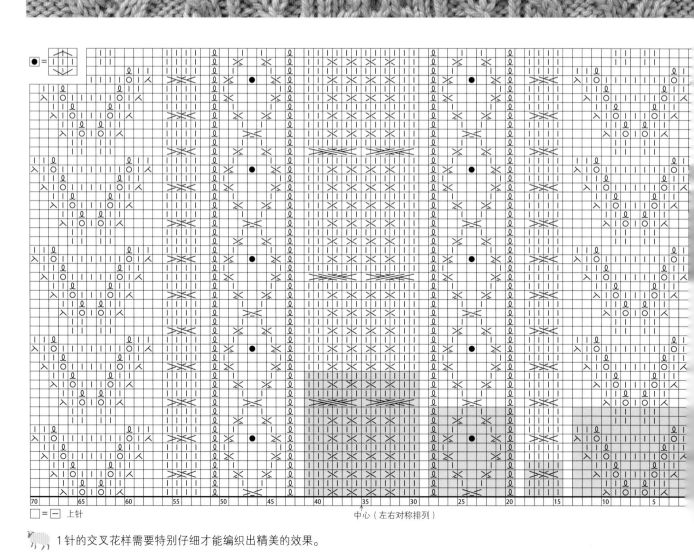

□ = — 上针

中心（左右对称排列）

🐑 1针的交叉花样需要特别仔细才能编织出精美的效果。

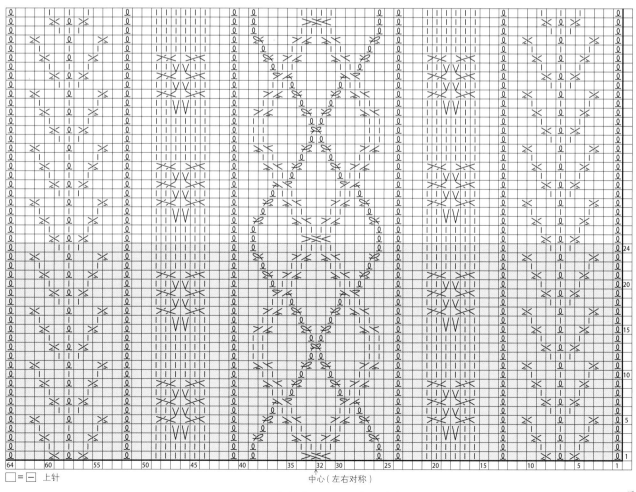

□ = □ 上针

中心（左右对称）

扭针编织的针目十分整齐，突显漂亮的线条，整体花样凹凸有致。

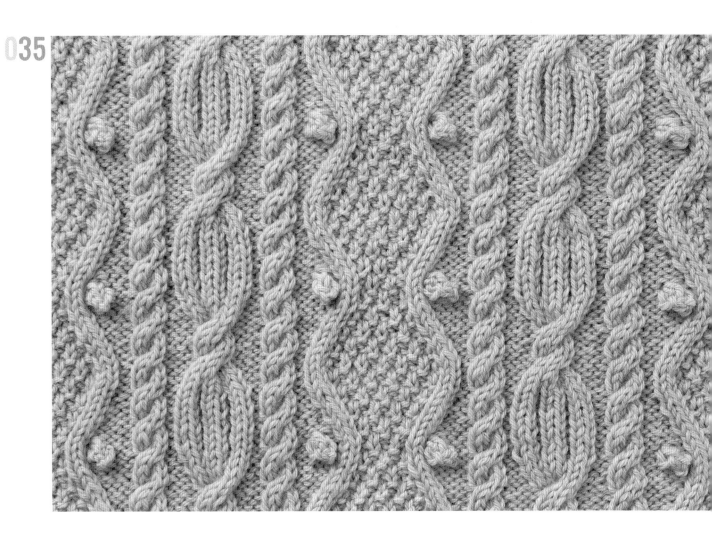

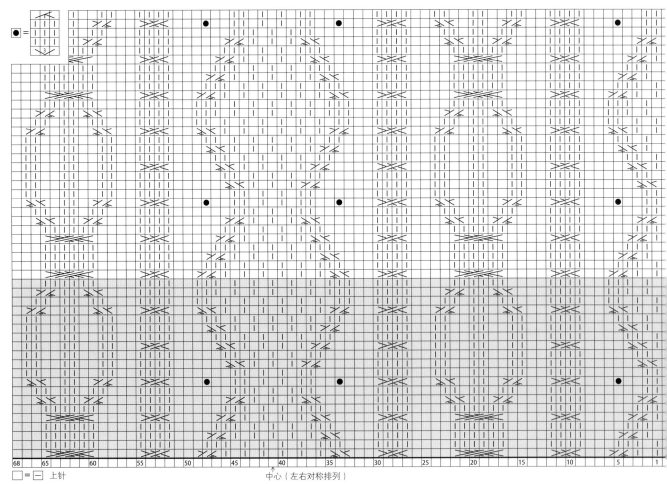

□ = − 上针

中心（左右对称排列）

花样富有规律性，很容易编织。波浪形的线条给人一种柔美的印象。

036

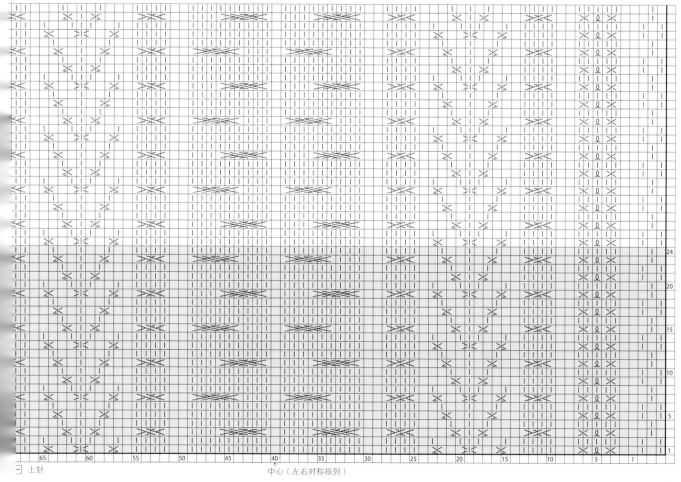

◻ 上针   中心（左右对称排列）

65   60   55   50   45   40   35   30   25   20   15   10   5   1

这组花样的亮点在于中心花样的左右两边不仅对称排列，而且交叉的方向也是对称的。

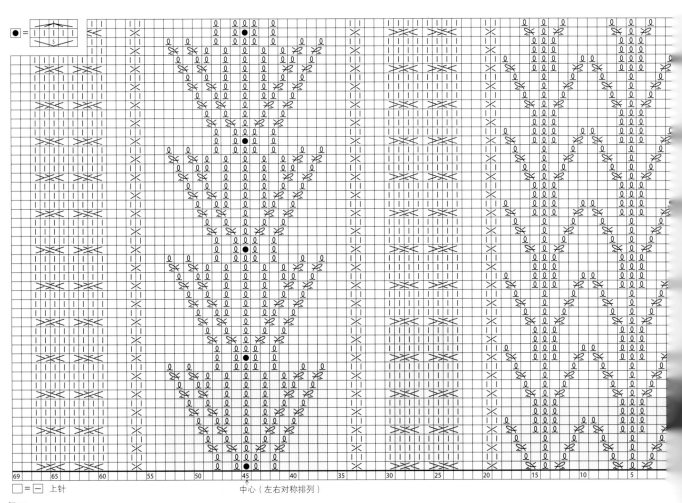

□ = □ 上针　　中心（左右对称排列）

花样华丽又细腻，可以充分体验到编织的乐趣。

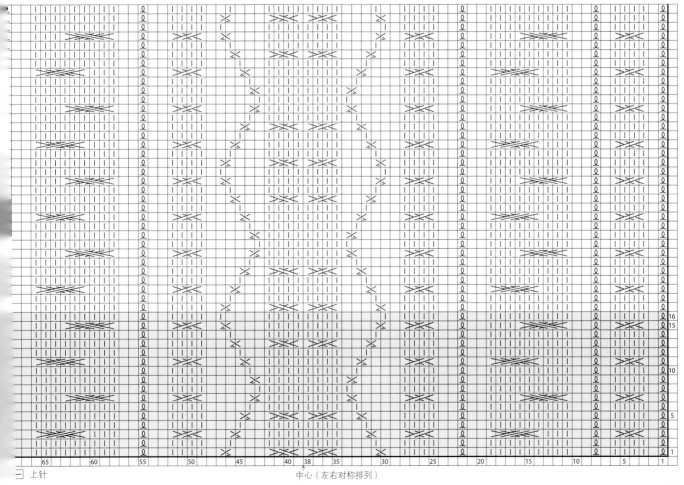

乍看起来好像很复杂，但是每种花样的重复行数相同，有规律，很容易编织。

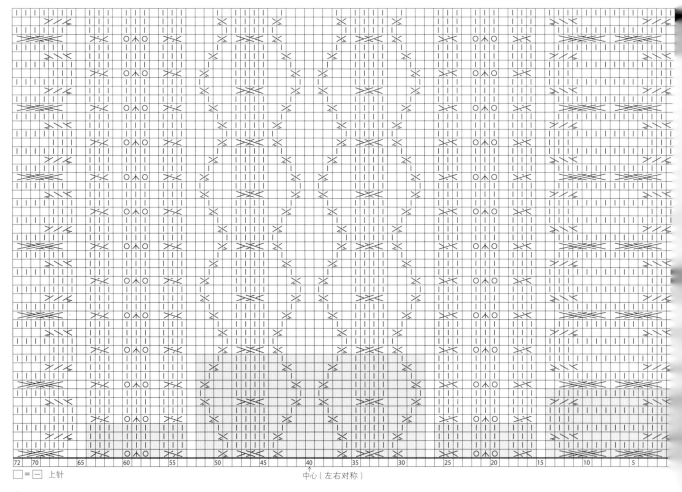

□ = □ 上针

中心（左右对称）

两侧圆润的麻花花样与1针交叉的锯齿花样形成鲜明的反差，别有一番趣味。

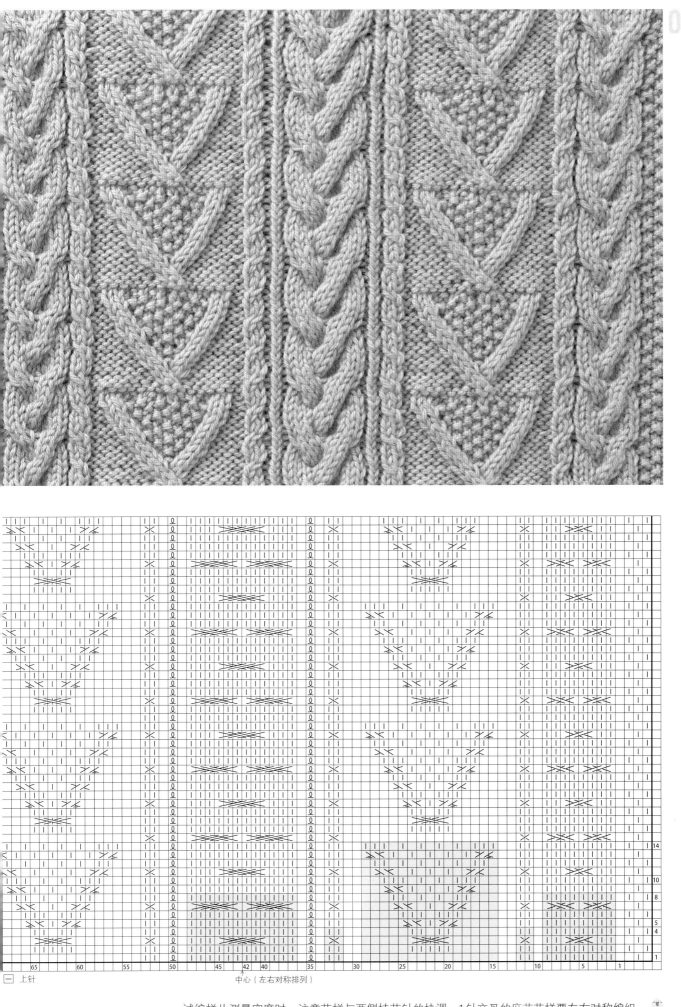

□ 上针

中心（左右对称排列）

试编样片测量密度时，注意花样与两侧桂花针的协调。1针交叉的麻花花样要左右对称编织。

041

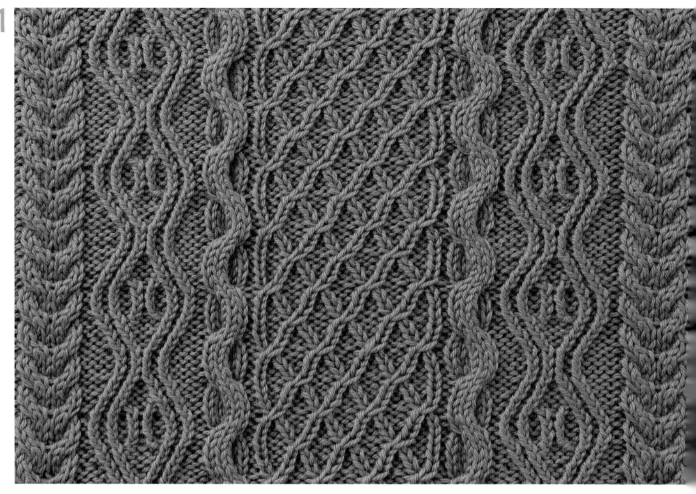

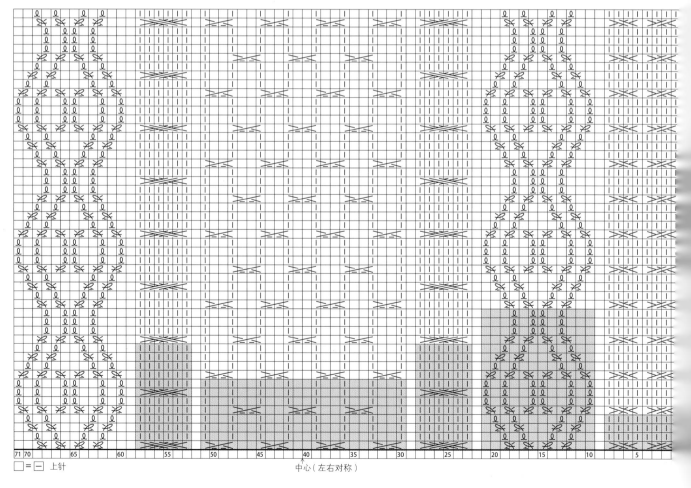

□ = │─│ 上针

中心（左右对称）

"左上1针交叉（中间有2针上针）"使用弓形和U形2种麻花针会更容易编织。

71 70　　　65　　　60　　　55　　　50　　　45　　　40　　　35　　　30　　　25　　　20　　　15　　　10　　　5

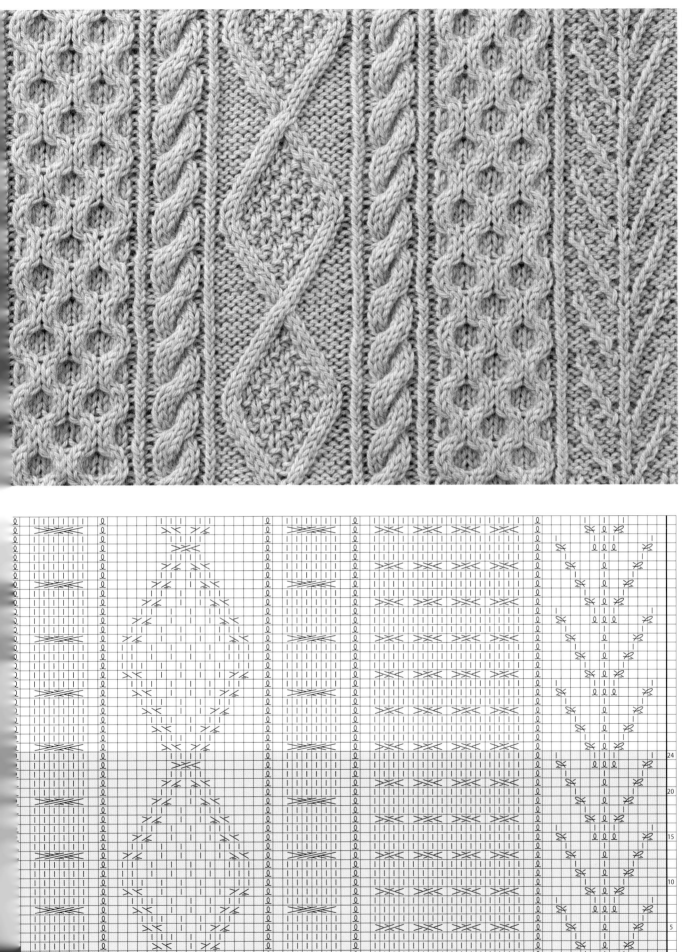

一 上针　　　　　　　　　　中心（左右对称排列）

蜂巢、菱形、生命之树、麻花，全都是经典的阿兰花样。

这部分汇集的花样令人印象深刻，1个花样的针数或行数比较多，可以作为一件作品的主体花样。

043

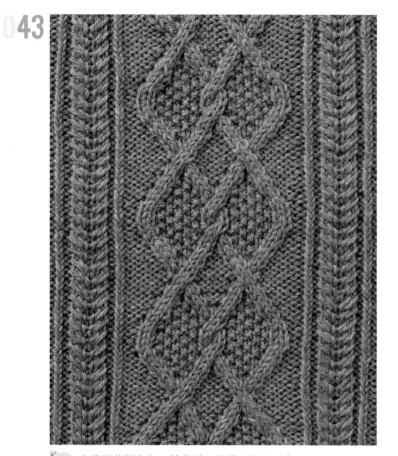

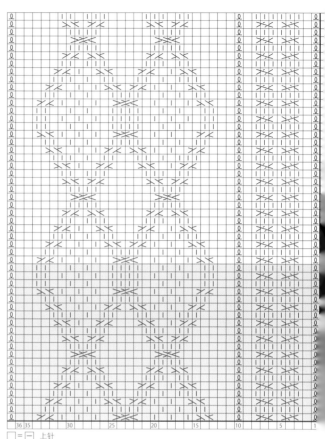

□ = □ 上针

在菱形花样中加入桂花针，显得更具吸引力。

044

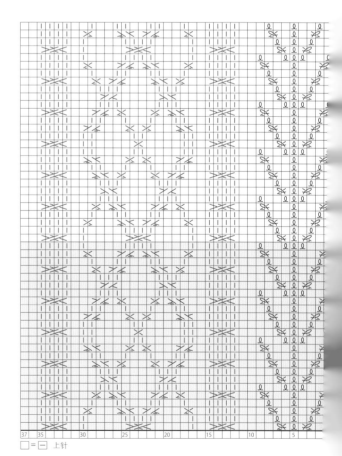

□ = □ 上针

每种花样的重复都规律、清晰、易懂，很容易编织。

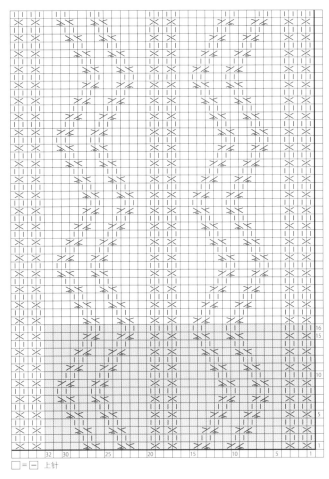

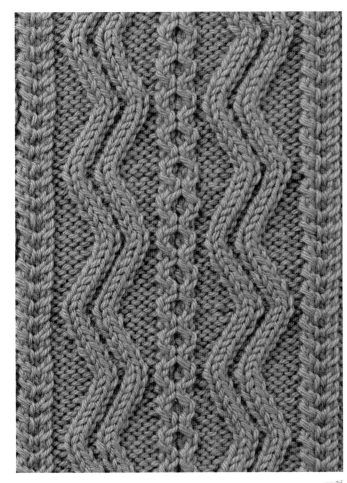

□ = ⊟ 上针

如果中间的上针部分编织得很平整，浮现出来的花样就会非常漂亮。

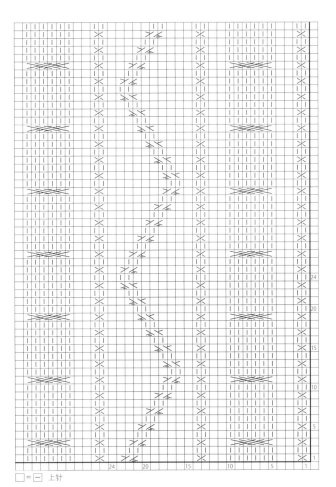

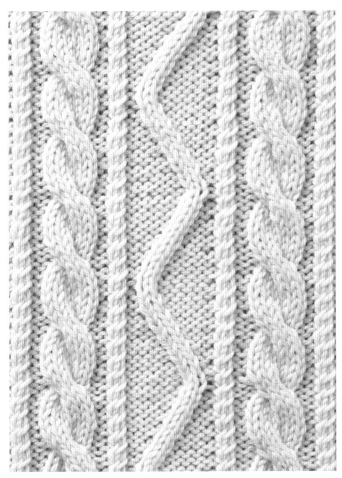

□ = ⊟ 上针

既简单，又容易编织。富有动感的花样应该很适合编织披肩和裙子。

047

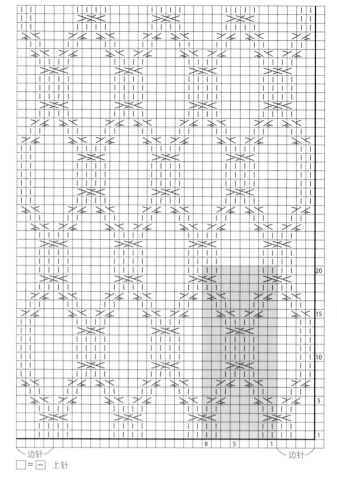

相互缠绕的麻花花样给人过目难忘的感觉。

□ = ⊟ 上针

048

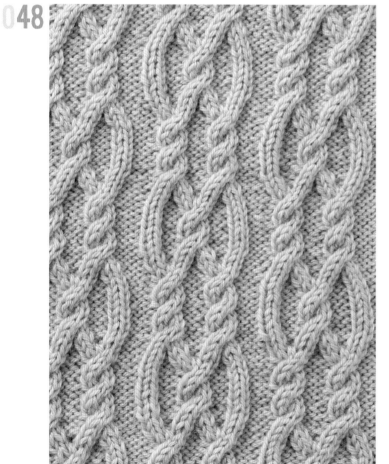

看起来好像很复杂，其实全部是由麻花针构成的阿兰花样。

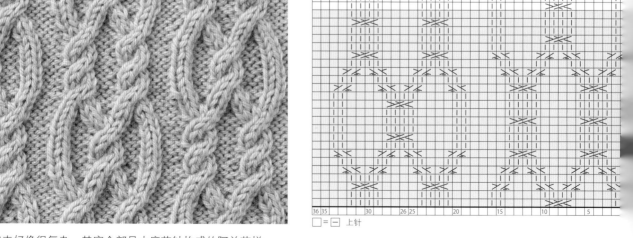

□ = ⊟ 上针

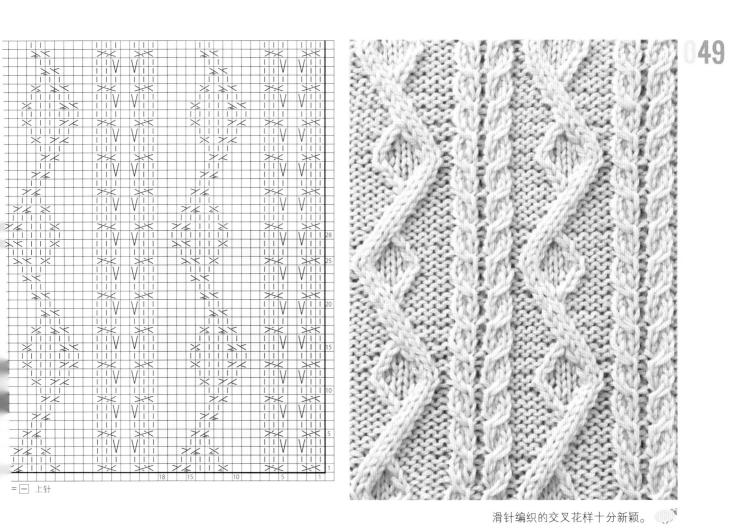

= $\boxed{-}$ 上针

滑针编织的交叉花样十分新颖。

$\square$ = $\boxed{-}$ 上针

简单的交叉组合花样。外侧的麻花针也是一大亮点，看上去就像一连串的心形花样。

051

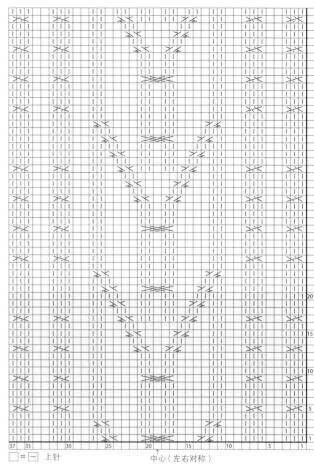

□ = □ 上针　　　中心（左右对称）

这款花样非常适合编织毛衣和大号披肩。

052

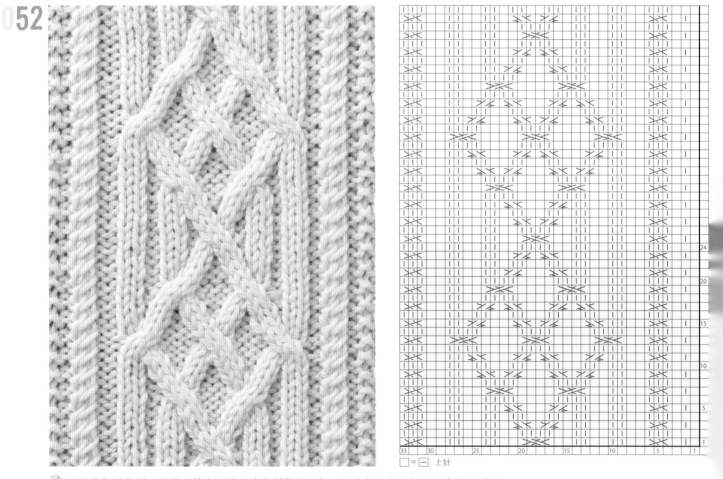

□ = □ 上针

虽然是阿兰花样，但是直线条却给人清爽利落的印象。设计在毛衣的中心再合适不过了。

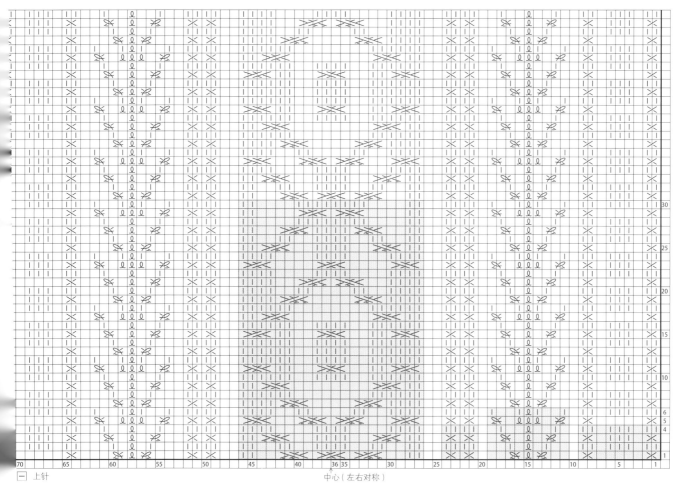

□ 上针

中心（左右对称）

中间的麻花花样太酷了，不妨编织一款偏男性风的开衫。

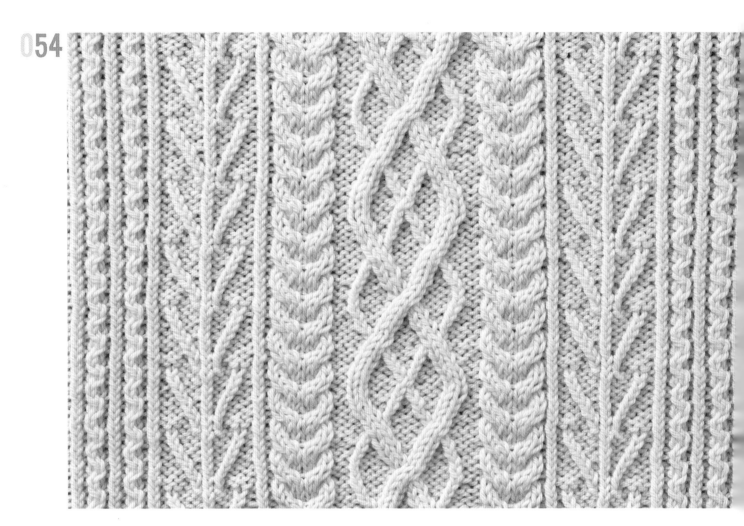

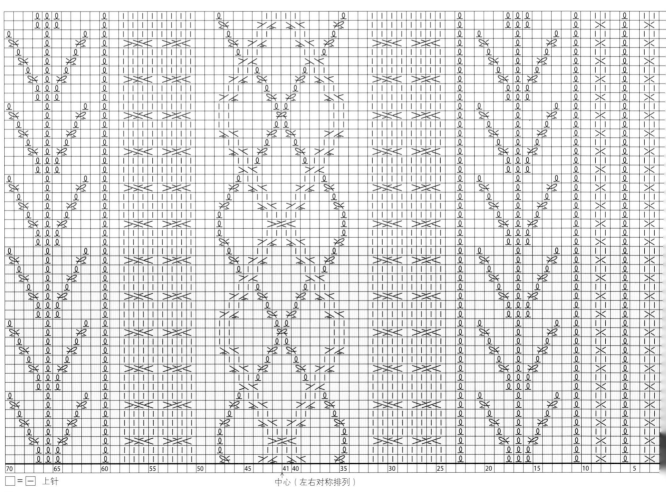

□ = ⊟ 上针

中心（左右对称排列）

在这款设计中，纤细的扭针线条与粗壮的交叉线条相映成趣。

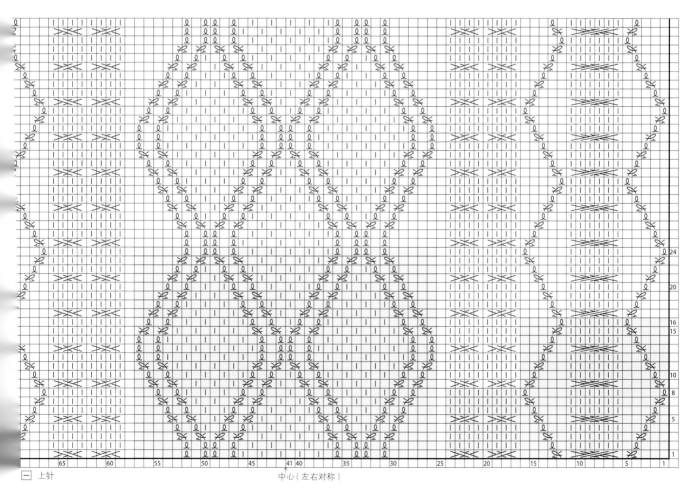

□ 上针

中心（左右对称）

侧边与中间都是锯齿线条，但是要注意组合花样中每个花样的行数不尽相同。

056

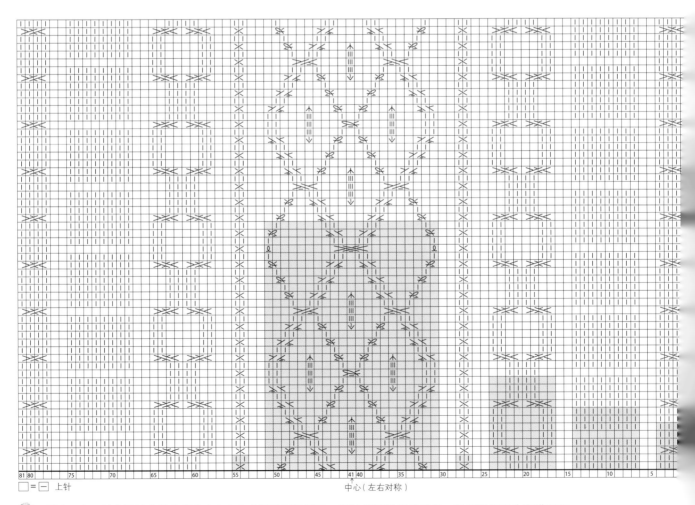

□ = □ 上针　　　　　　　　　　　　中心（左右对称）

1针交叉与2针交叉的麻花花样由中心向左右要呈对称状态。两边的花样虽然简单，但编织起来也充满乐趣。

50

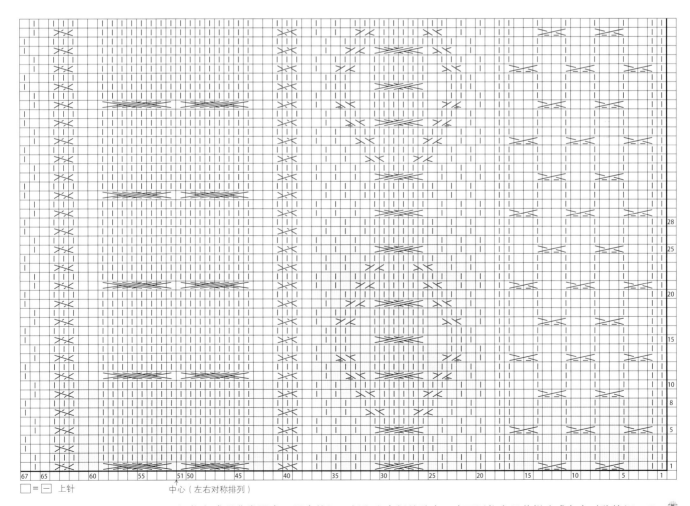

□ = — 上针　　　　　　　　中心（左右对称排列）

织物完成后非常厚实，适合编织开衫和夹克衫等外套。也可以将交叉花样改成左右对称编织。◎

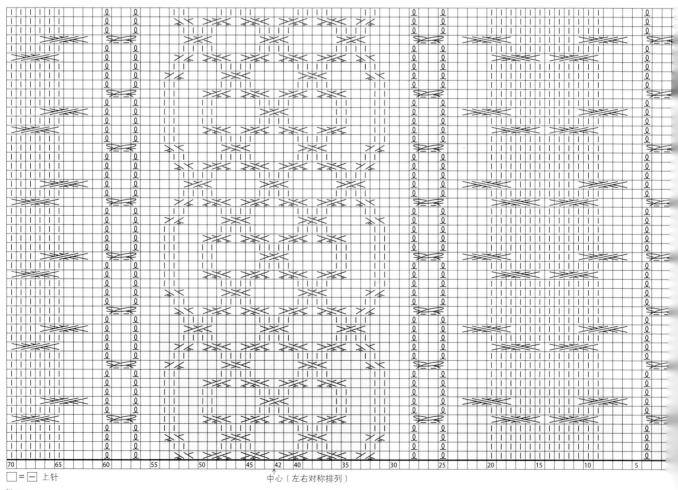

□ = ⊡ 上针

中心（左右对称排列）

花样的立体感和流动感令人赏心悦目。

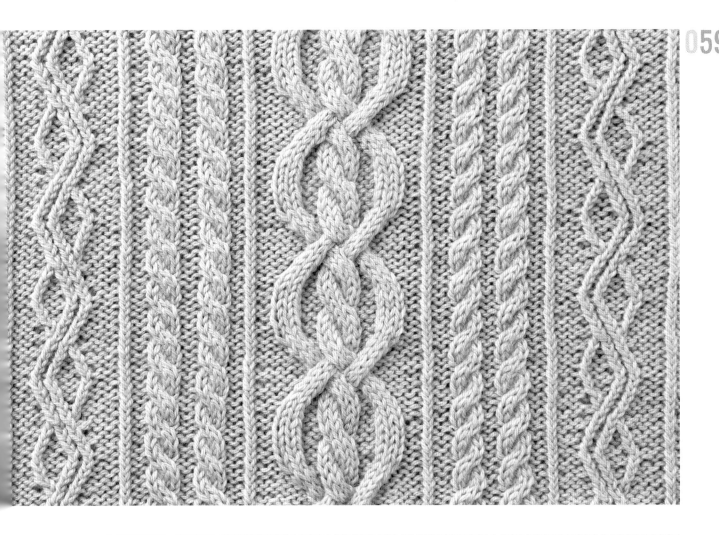

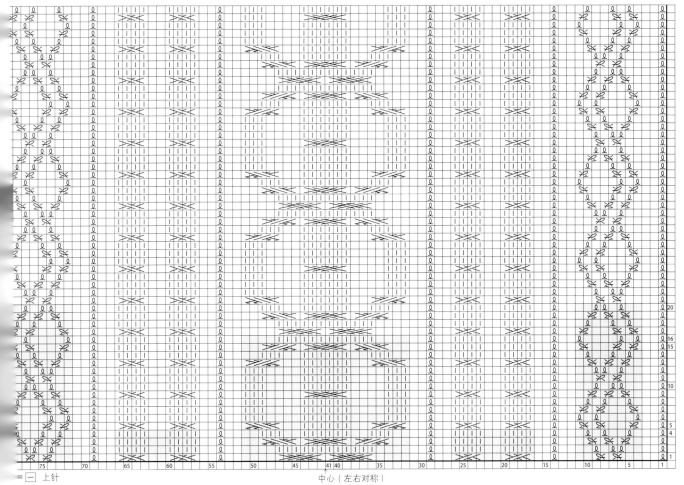

=□ 上针

中心（左右对称）

两边的锯齿线条和麻花花样由中心向左右两边呈对称状态，编织时要注意交叉的方向。

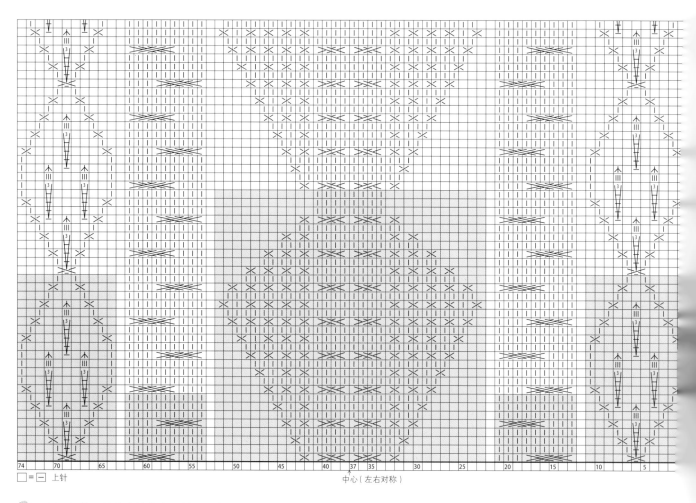

□=□ 上针

中心（左右对称）

下滑4行编织的泡泡针非常独特。1针交叉的菱形花样要保持线条的整齐流畅。

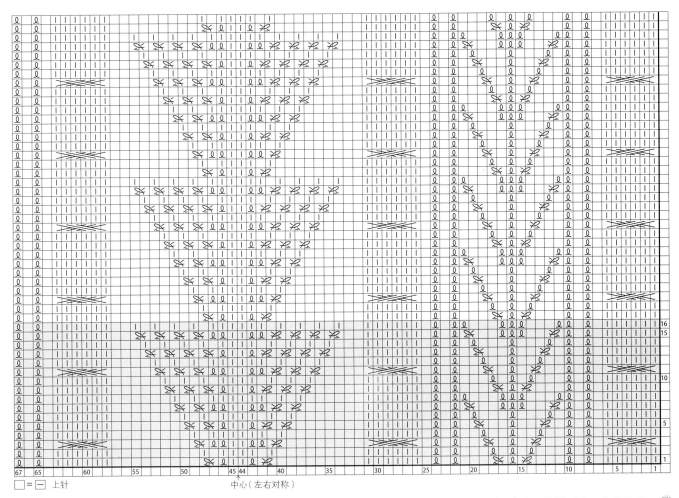

□ = ─ = 上针

中心（左右对称）

中心花样是生命之树的变化。花样别致，十分抢眼。

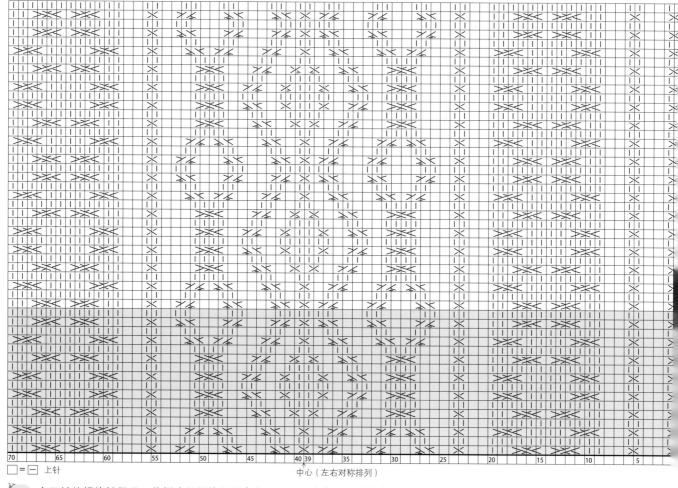

□=□ 上针

中心（左右对称排列）

70　65　60　55　50　45　40 39　35　30　25　20　15　10　5

交叉针的规律性很强，花样也能很快呈现出来，可以一边编织一边欣赏花样的变化。

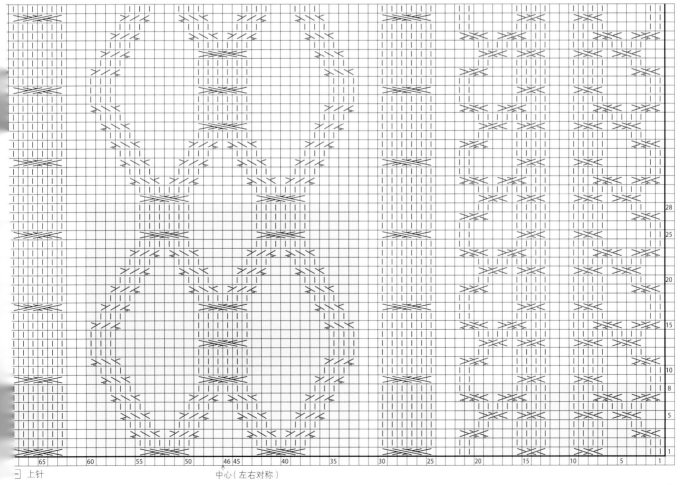

树上结的果实，种子、绳结……圆鼓鼓的可爱针目常被用作花样的点缀。

064

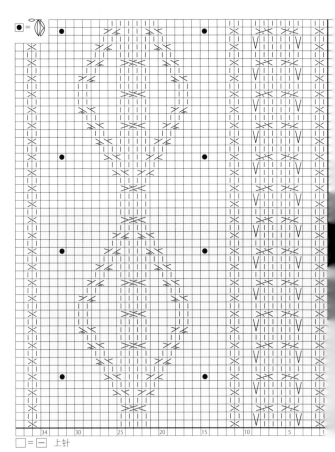

□ = — 上针

这是用钩针编织的中长针的枣形针，小小的颗粒煞是可爱。

065

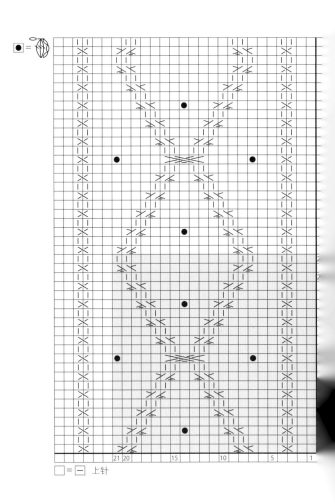

□ = — 上针

立体饱满的一颗颗小球让人不由得想要伸手触摸。

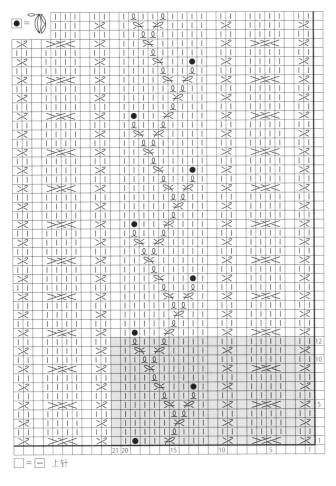

□ = 上针

浮现在下针中的小球花样，抢眼又不会太过夸张。

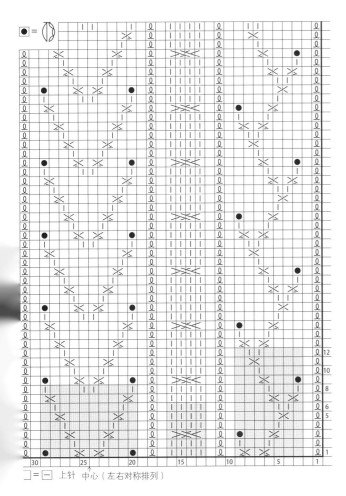

□ = □ 上针　中心（左右对称排列）

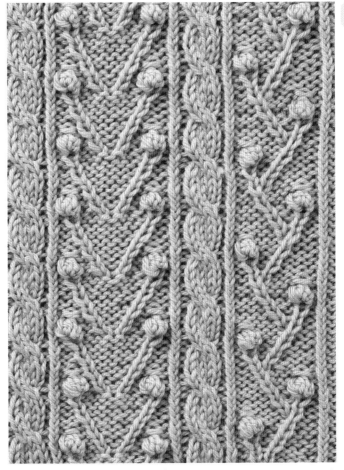

树梢的果实花样。还可以演绎出各种变化。

068

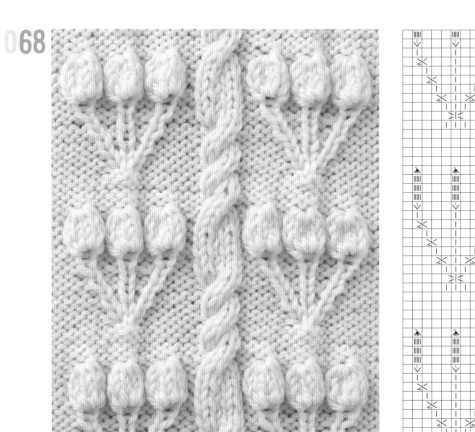

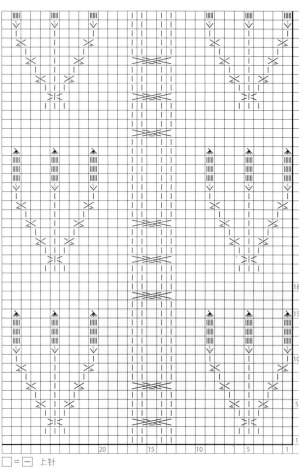

□ = ⊡ 上针

大颗大颗的泡泡针具有很强的视觉冲击力，让人联想到花蕾和笔头草。

069

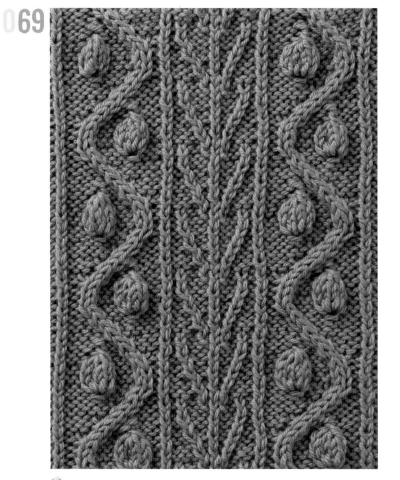

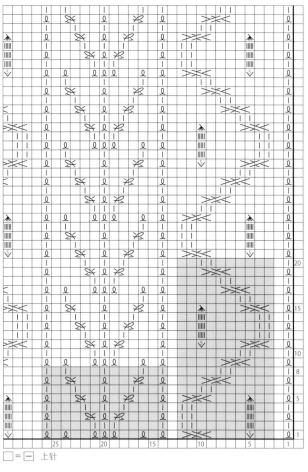

□ = ⊡ 上针

平缓转折的锯齿线条加上小球球，宛如藤蔓上结出的一颗颗果实。

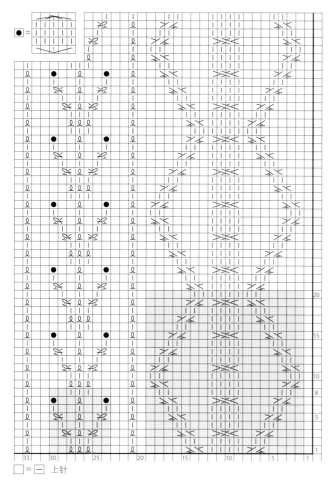

● =

□ = ─ 上针

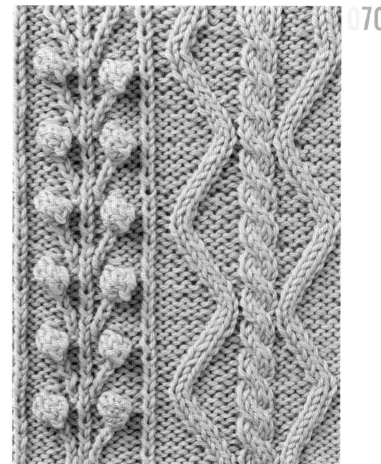

大颗的小球花样令人过目难忘。

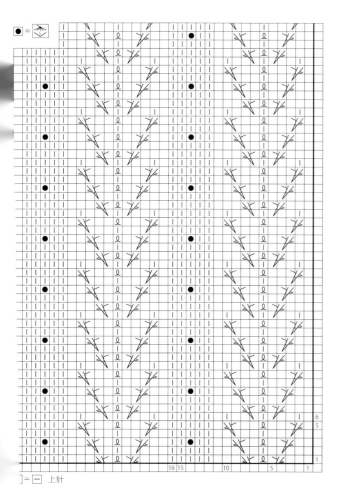

● =

] = ─ 上针

这样的小球使用钩针更容易编织。

072

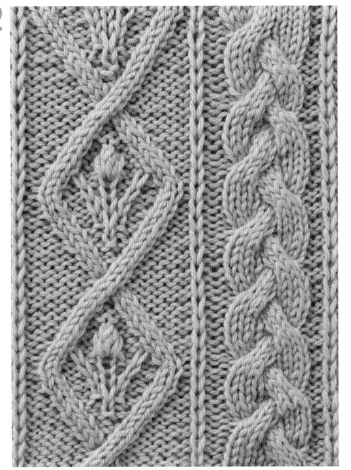

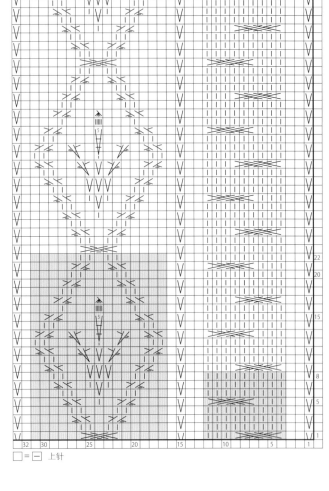

在菱形花样的中间加入小花花样。

□=□ 上针

073

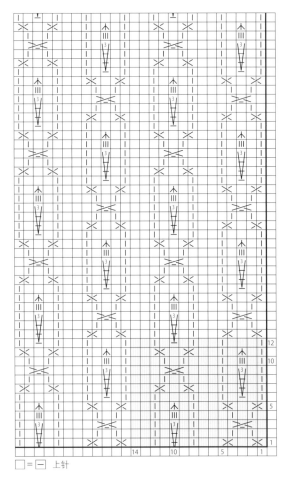

这款花样的符号图虽然有点复杂，但是越编织越得心应手。

□=□ 上针

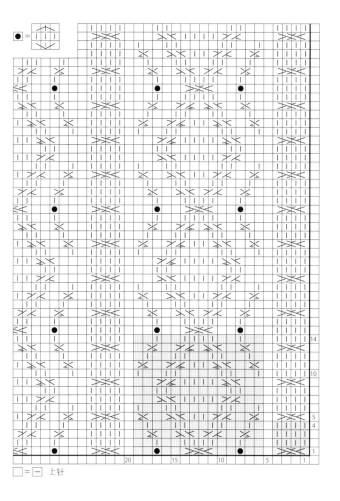

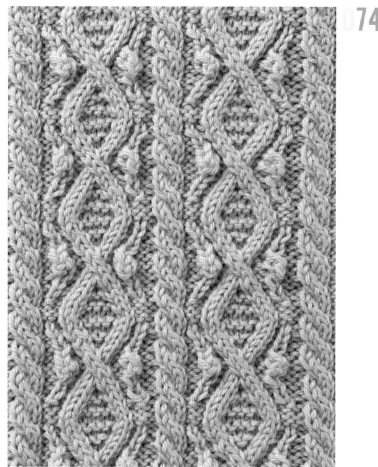

□ = |一| 上针

3针3行的枣形针是这款花样的亮点，让人百织不厌。

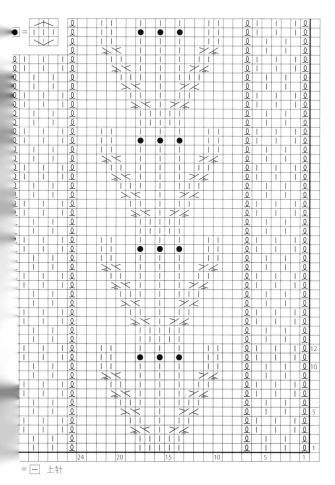

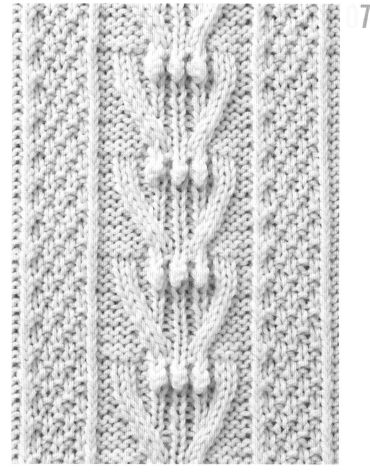

= |一| 上针

这款花样给人十分典雅的感觉，无论是男性还是女性都很适合。

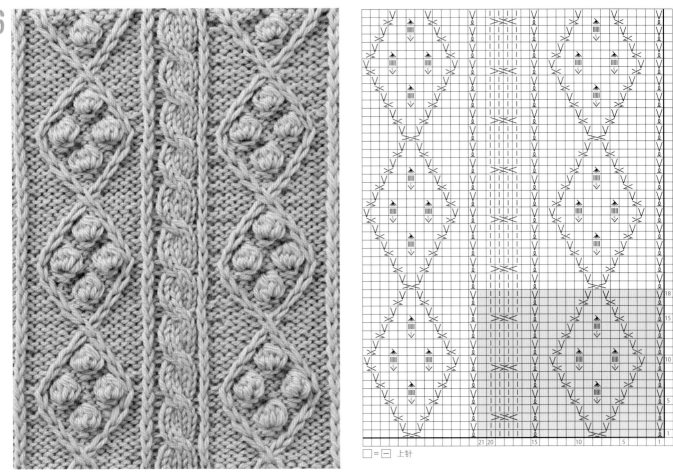

菱形和直线条中的滑针效果十分明显。不要忘记反面行的操作。

□ = ⊟ 上针

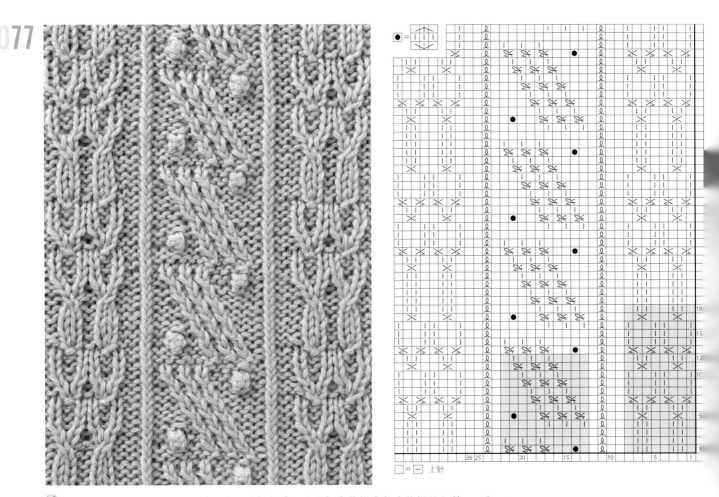

由中间的扭针交叉花样和两边的交叉花样组成，注意组合花样中每个花样的行数不尽相同。

□ = ⊟ 上针

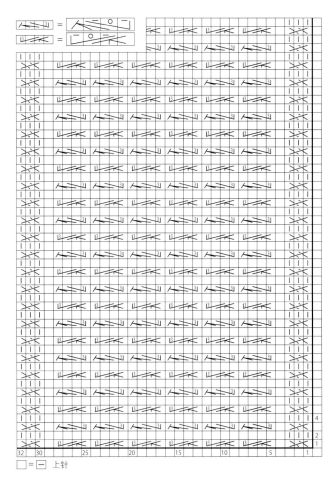

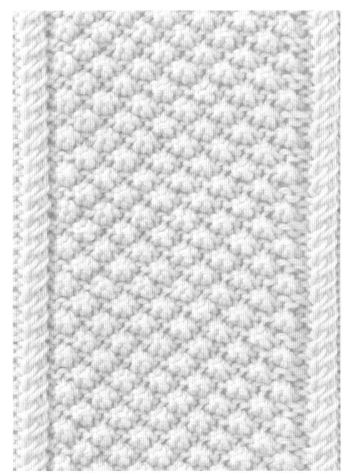

□=⊟ 上针

反面行编织得稍微松一点，这样正面的行更容易编织。颗粒状的花样像极了金平糖。（日本传统的和果子之一，外形像星星的小小糖果粒。）

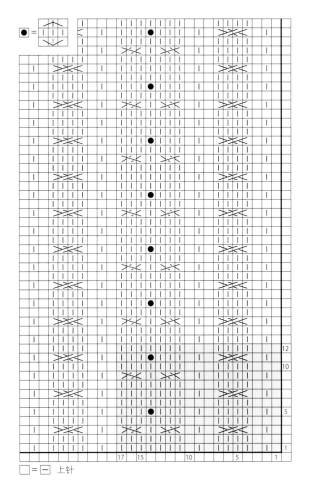

□=⊟ 上针

这款花样与任何花样都很好搭配。

080

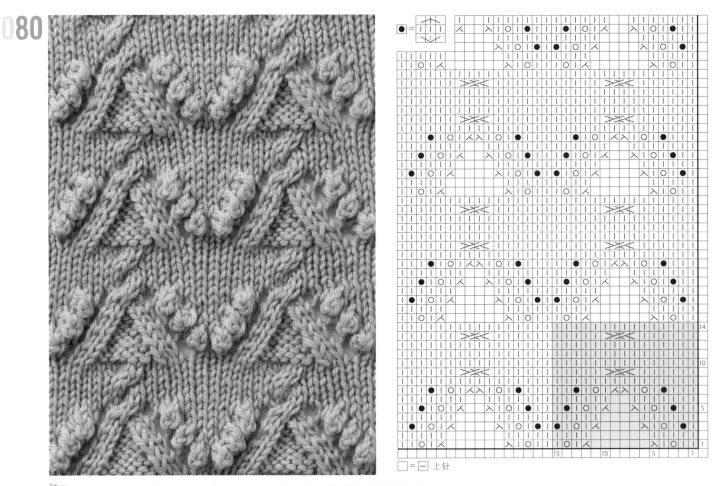

🐑 3针3行的枣形针是一大亮点。建议使用在下摆、前门襟和颈围等部位。

081

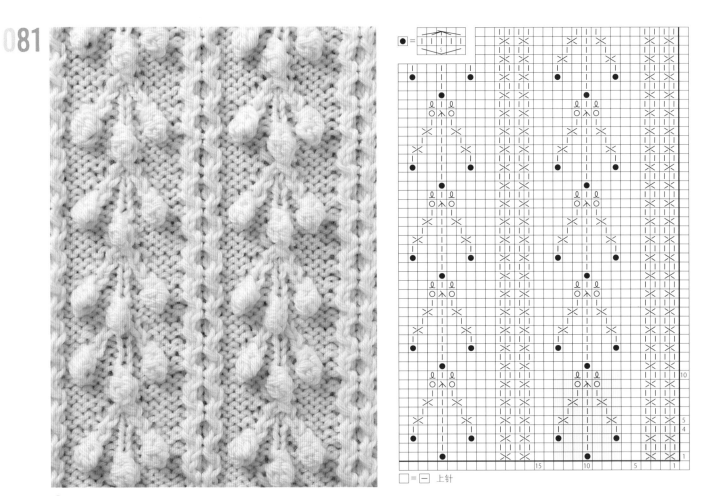

🐑 甜美的樱桃花样，似乎很适合用来编织女士的开衫。

082

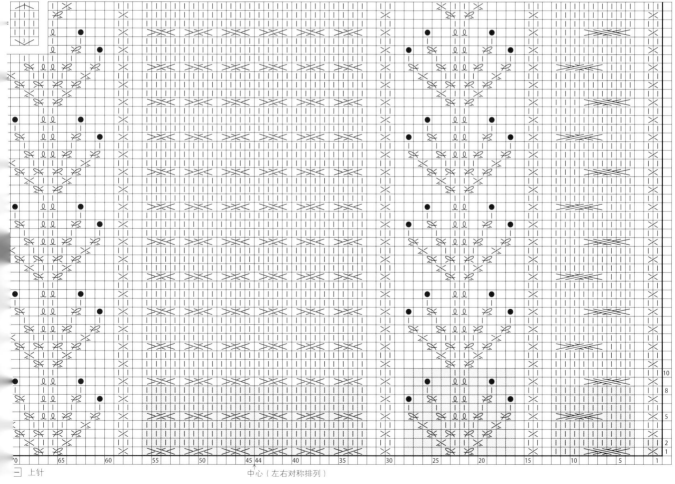

□ 上针　　　　　　　　　　　　　　中心（左右对称排列）

每行都有要编织的花样让人不敢松懈，不过蜂巢花样和带小球的生命之树真的很迷人。

67

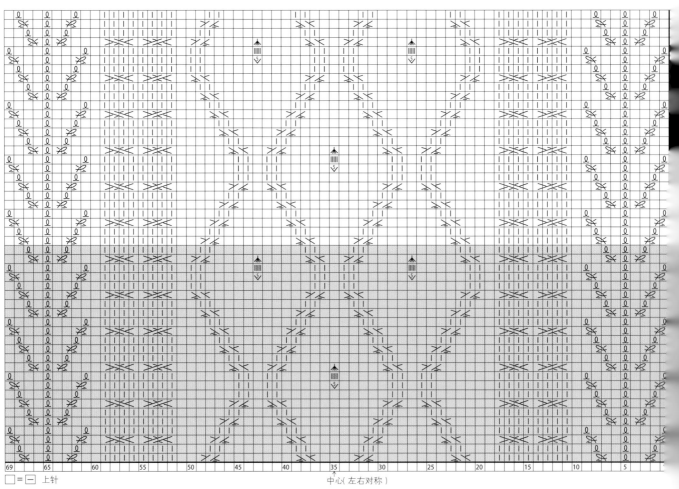

□ = □ 上针

中心（左右对称）

这是左右对称的花样。用粗线松松地编织会很漂亮。

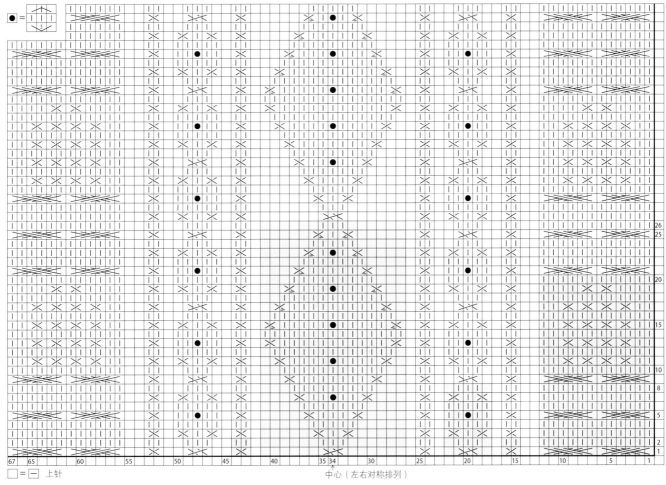

□ = 上针

中心（左右对称排列）

编织时请留意1针交叉的下方是下针还是上针。

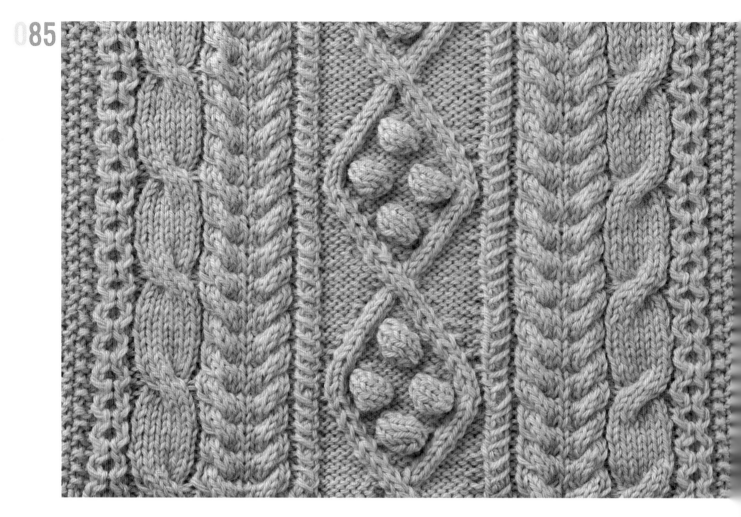

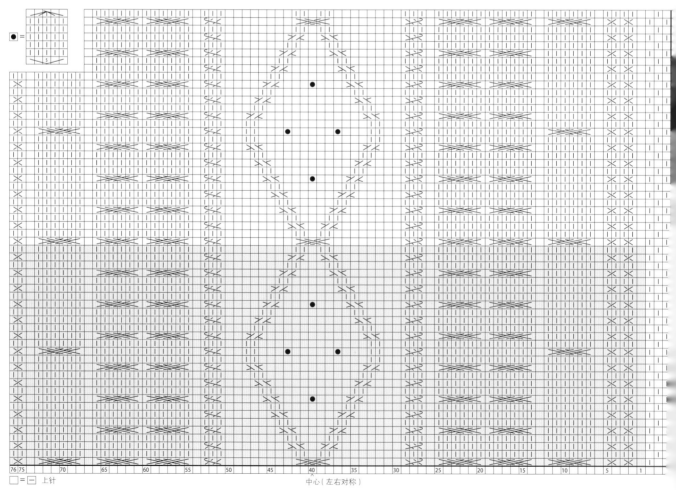

● =

□ = □ 上针

中心（左右对称）

76 75　70　65　60　55　50　45　40　35　30　25　20　15　10　5　1

套针的交叉花样中，穿过的针目很难保持整齐，编织时需要多加注意。

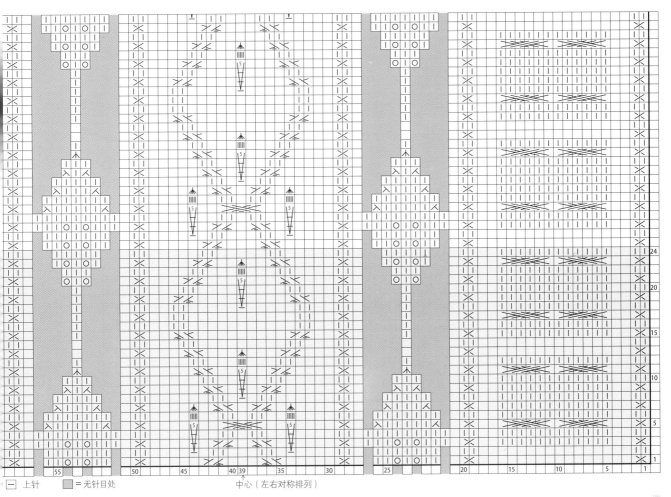

一 ＝ 上针　　▨ ＝ 无针目处　　中心（左右对称排列）

下滑编织的泡泡针拉出针目时要稍微松一点，适当调整针目的大小。

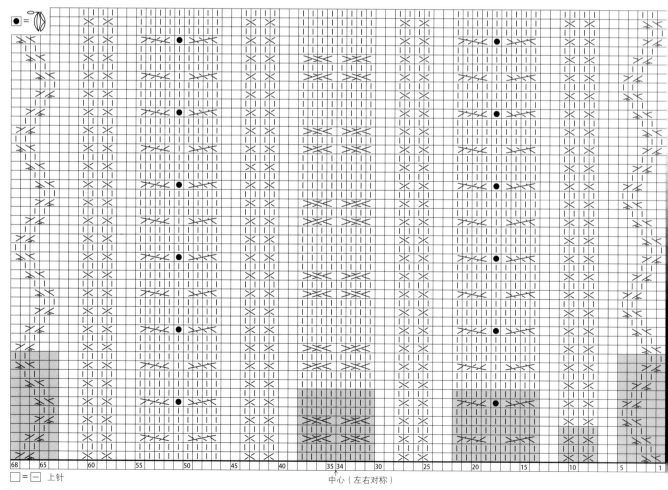

● =

□ = ― 上针

中心（左右对称）

编织锁链形麻花时，注意分清"右上交叉"和"左上交叉"。用钩针编织的枣形针与整体花样浑然一体。

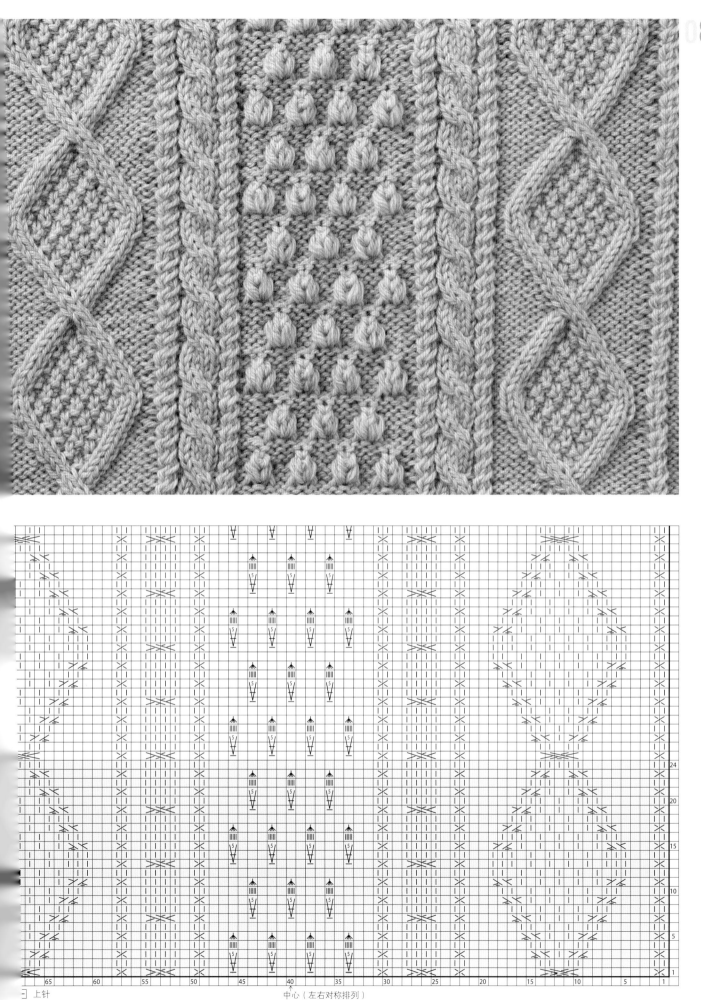

□ 上针

中心（左右对称排列）

中间部分下滑编织的泡泡针花样要注意调整每一颗小球的形状。

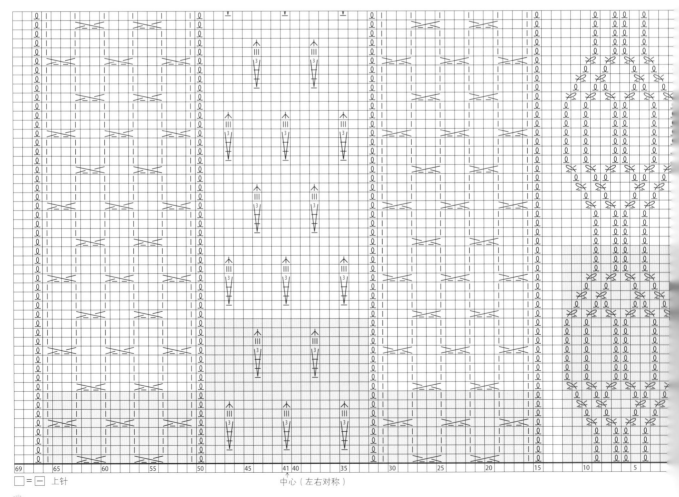

□ = □ 上针

中心（左右对称）

截然不同的花样组合在一起充满了创意。

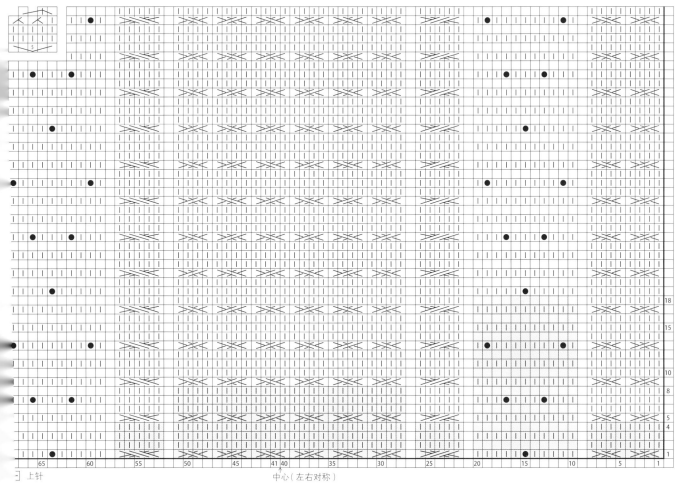

上针   中心（左右对称）

针法规律有序，也很适合阿兰花样初学者。不妨挑战一下布满花样的毛衣吧！

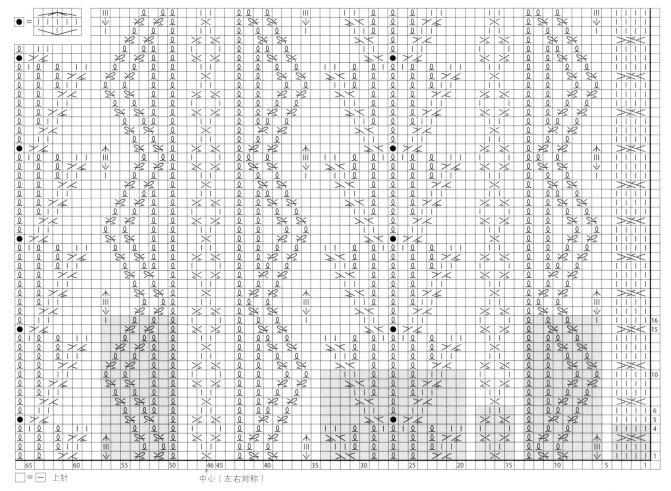

□ = □ 上针

中心（左右对称）

由于组合花样中的每个花样的行数不尽相同，编织时请注意每种花样的重复规律。

镂空混合花样

交叉花样的立体感和蕾丝花样的镂空感形成鲜明的对比。也推荐大家使用夏季线材编织夏季的阿兰毛衣。

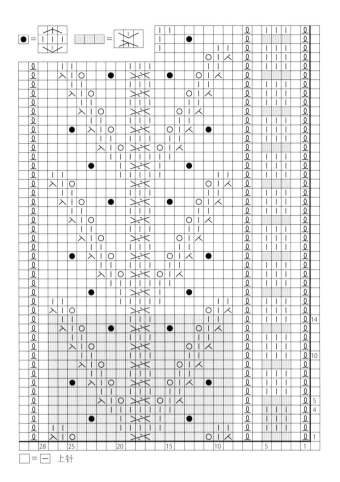

□ = ── 上针

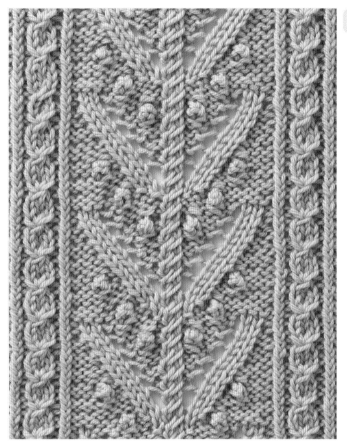

生命之树两侧的麻花花样似是而非。

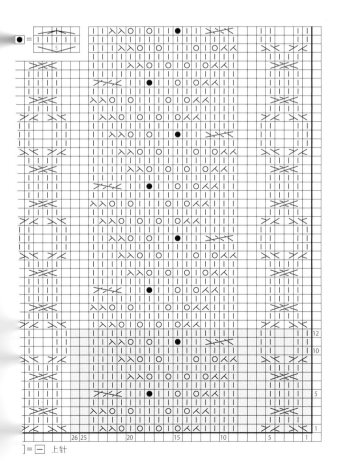

] = ── 上针

用这款花样编织的女式开衫等作品可以给人柔美的印象。

094

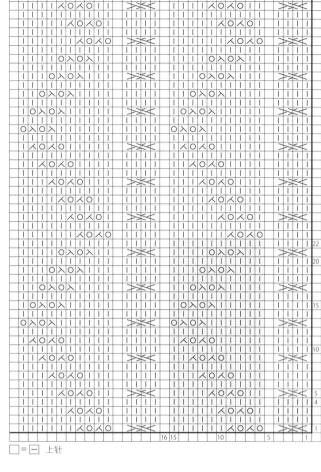

□=□ 上针

🐑 这款花样适合编织早春时节的开衫和披肩。

095

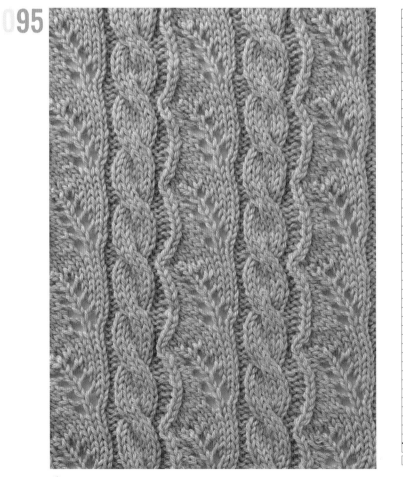

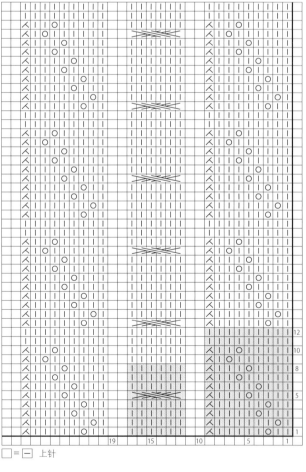

□=□ 上针

🐑 这里是交叉花样和镂空花样的绝妙组合。用来编织夏季的衣物也很不错。

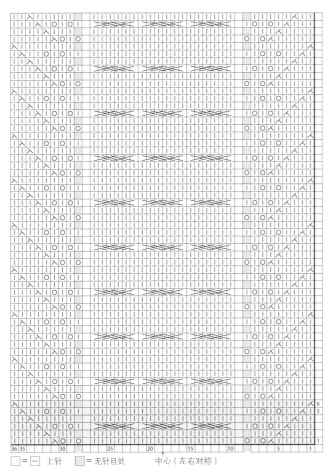

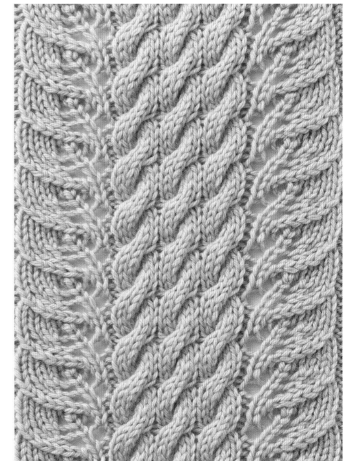

□=□ 上针　　▨=无针目处　　↑中心（左右对称）

麻花的厚实感与镂空的树叶花样形成的机理反差特别漂亮。

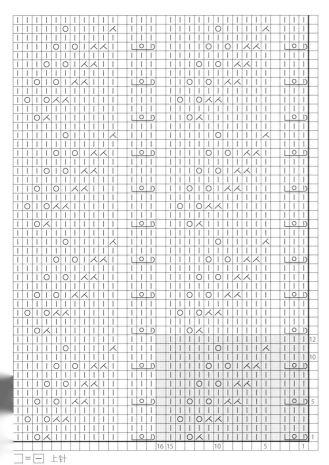

□=□ 上针

挂针和2针并1针总是成对出现。编织时要经常确认一下总针数。

098

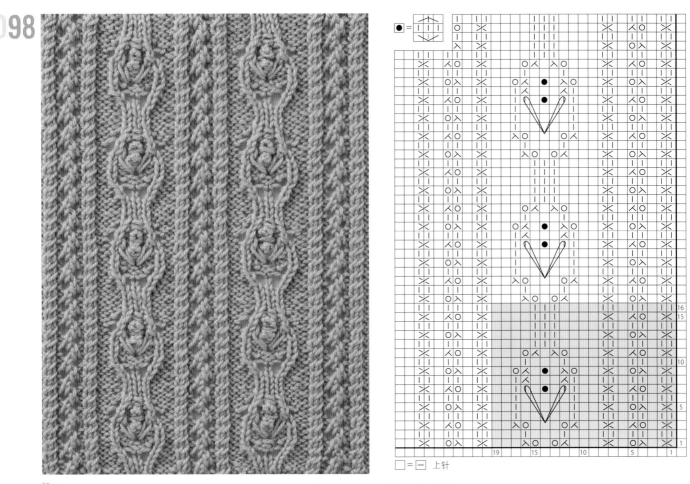

花样的编织小窍门是枣形针下方的拉针要编织得松一点，并且保持一定的长度。

099

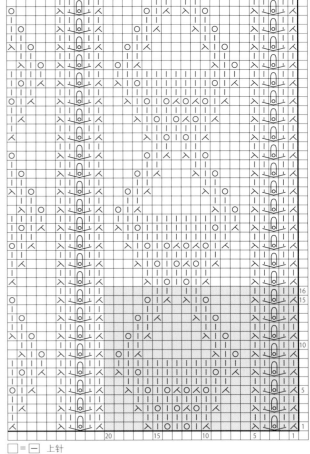

□ = ﹣ 上针

没有编织交叉针，却呈现出交叉花样，真是不可思议。

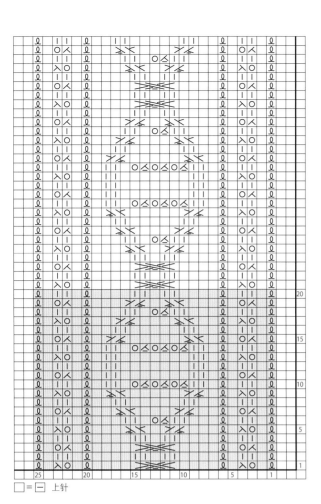

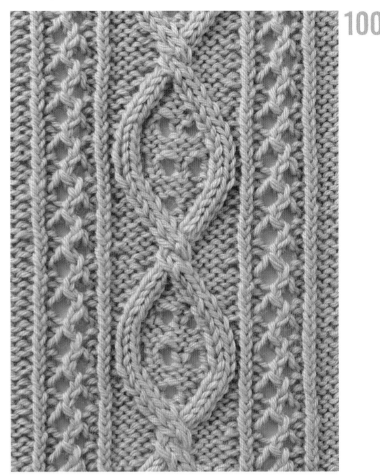

□ = 一 上针

麻花中间的蕾丝花样是在偶数行进行编织的。

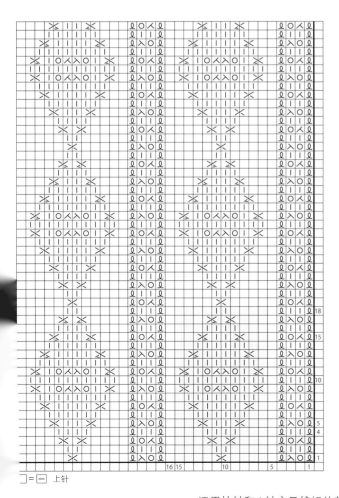

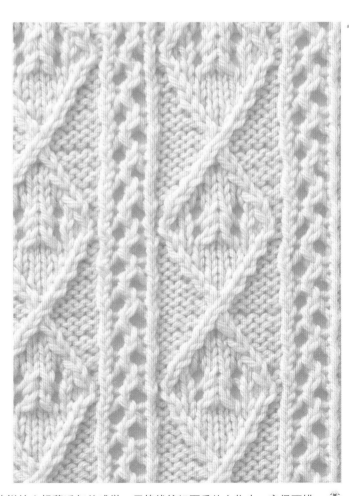

□ = 一 上针

运用挂针和1针交叉编织的花样给人轻薄透气的感觉。用棉线编织夏季的衣物也一定很不错。

102

🐑 挂针花样中每隔5行就有1行上针，注意不要看漏。

103

🐑 可以用这款针目比较疏松的花样编织基础款开衫等作品。

□ = ⊟ 上针

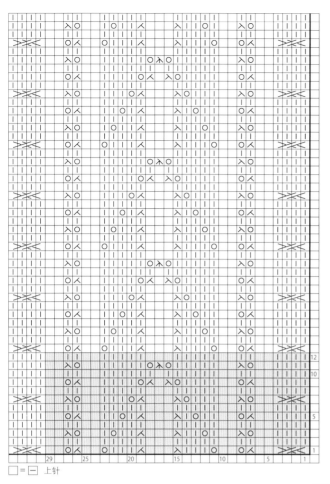

□ = □ 上针

用挂针和2针并1针可以表现出与交叉花样一样的效果，真是有趣。

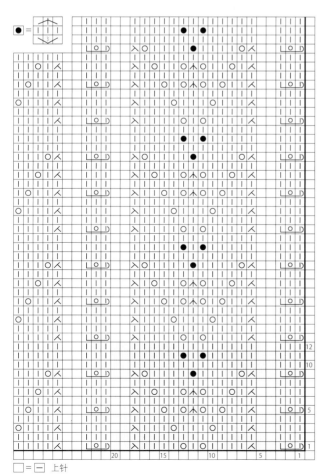

● =

□ = □ 上针

编织镂空花样时容易忘记挂针的人不妨在编织偶数行时数一下针数，这样可以减少错误的发生。

106

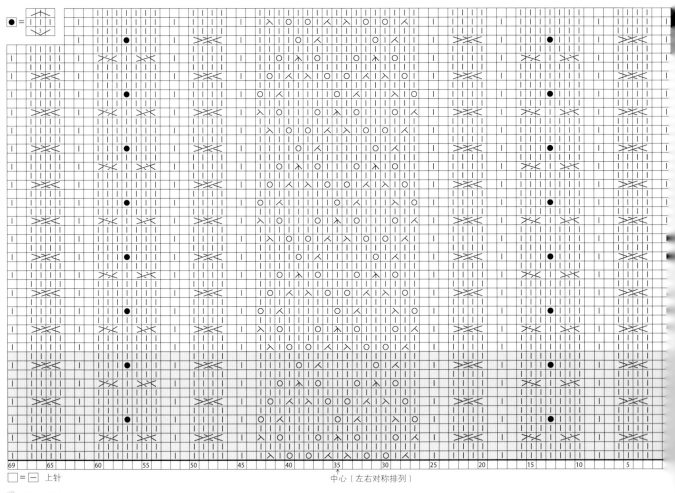

□ = ⊡ 上针

中心（左右对称排列）

整组花样每12行重复1次，很容易编织。

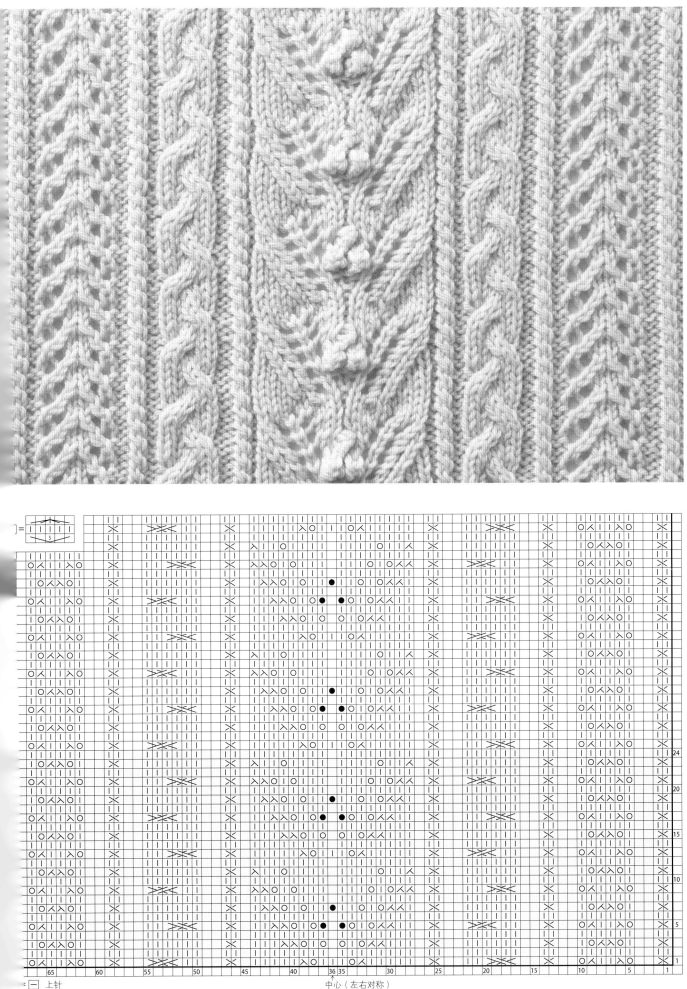

花样中3颗1组的枣形针仿佛1朵朵小花，显得格外可爱。

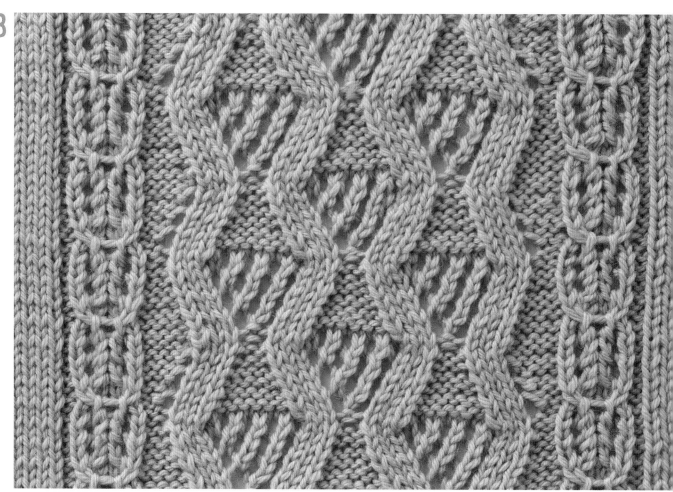

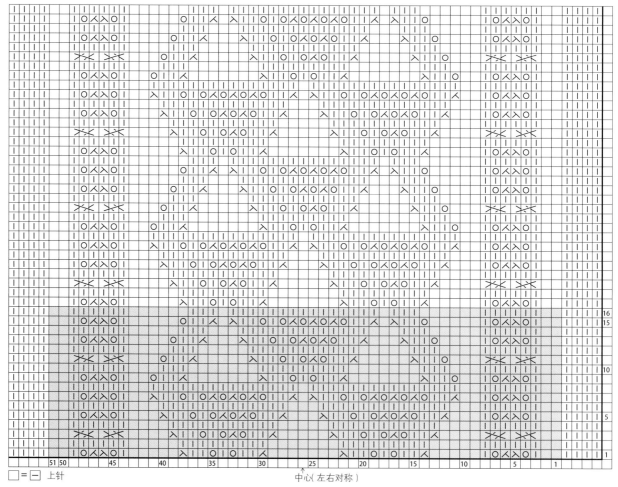

□=□ 上针

中心（左右对称）

🐑 这组花样看上去就有凉爽的感觉。推荐大家用夏季线材编织夏日套头衫或开衫等作品。

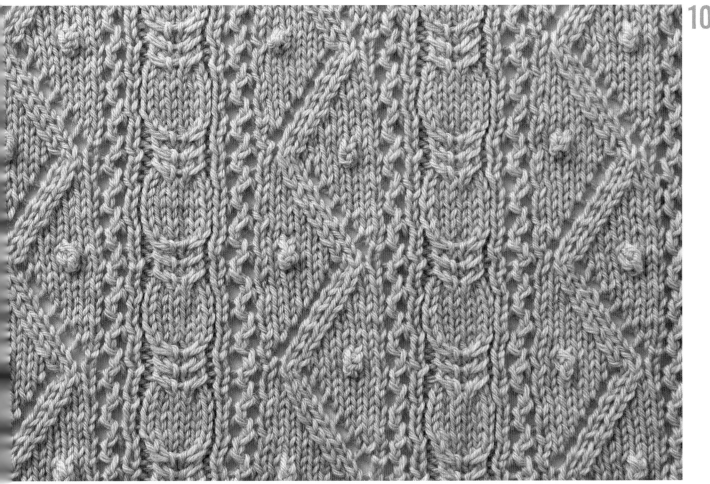

□=□ 上针

花样的组合透着一股民族风。使用不同颜色和线材编织，完成后的效果也会大相径庭。

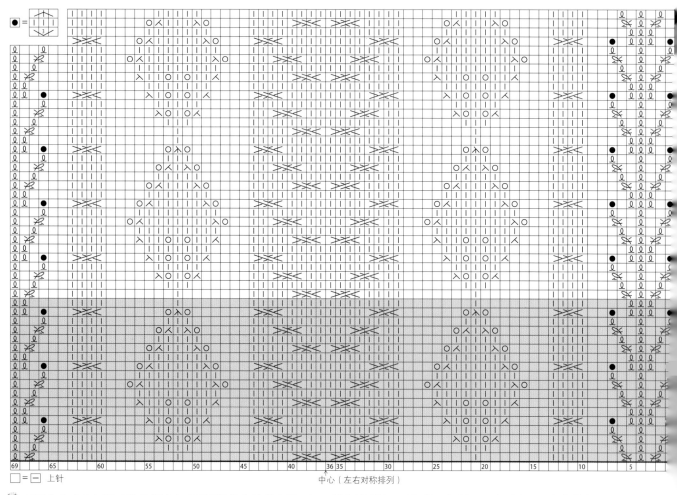

□=□ 上针

中心（左右对称排列）

叶子和生命之树组成的花样让人感受到植物的勃勃生机。加入镂空的设计，让织物更加轻柔，也适合用于衣物编织。

尝试编织作品吧

Let's Try the Projects!

除了改变使用的线材和颜色，还可以结合作品需要，进行花样的取舍和组合等，即使同一款花样也会呈现出迥然不同的视觉效果，这也是编织的乐趣之一。下面就来挑战一下用本书收录的阿兰花样编织的作品吧。

运用花样编织作品时的要领

● 使用多种花样时，尽量选择组合花样中的每个花样都为相同行数的，或者取其公倍行数作为1个花样，这样更加容易编织。

比如，Ⓐ是4行1个花样，Ⓑ是6行1个花样。一起编织这2种花样时，因为4和6的公倍数是12，所以整体花样以12行为1个花样进行编织。这个公倍数越大，重复规律越难把握，也就越容易出错。

● 如果介绍的花样是由几种花样组合而成，我们也可以替换其中的一部分花样。在发挥自己的创意进行花样组合时，请注意整体花样的重复性(即公倍行数的大小)。

● 编织菱形等大型花样的毛衣时，必须在开始编织前就设计好关键部位的花样，比如领窝处编织花样的哪个位置。不要从编织图所标注的编织起点开始编织，而是从想要结束的花样位置往回推算，从而确定编织起点位置。

● 从织物的中间开始排列主要花样。织物的两侧建议使用针数比较少、便于根据成品尺寸进行调整的花样。

例 花样 001

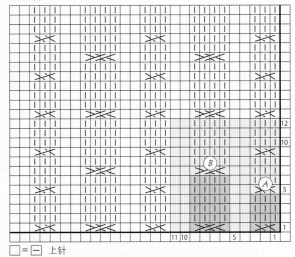

□ = ⊟ 上针

主要花样

方便调整的花样

Tree of Life and Honeycomb

p.67 ▶花样 082

生命之树与蜂巢花样帽子

散发着少女风甜美气息的帽子使用了带
小球的生命之树花样。先用几棵大树将
帽子整体分成若干部分，再调整蜂巢花
样的针数。帽顶减针时，尽量让花样呈
漂亮的连续状态。

用线 和麻纳卡 Aran Tweed
编织方法 **p.98**

麻花花样地板袜

地板袜的袜背部分是大小不同的麻花花样，分别是2针与2针、1针与2针的交叉针。从袜跟到袜口部分做往返编织，袜底和袜背部分做环形编织。由于麻花花样排列比较紧密，完成后的地板袜非常厚实，呈现圆鼓鼓的形状。

用线 和麻纳卡 Men's Club Master
编织方法 p.*100*

p.14 ▶花样 *001*

竹篮花样围脖

因为是直接接触皮肤的作品，请选择手感
舒适的线材精心编织。可将竹篮花样编织
成自己喜欢的宽度，这是一种非常实用的
花样。注意边上的交叉针有变化。

用线 Ski Tasmanian Polwarth
编织方法 **p.**99

p.31 ▶花样 032

菱形与生命之树花样连指手套

鲜艳的粉红色连指手套让人眼前一亮。
手背上的设计是自己喜欢的不对称组合
花样，而左手背和右手背的花样呈对称
排列。手掌和拇指部位编织上针。

用线　Ski Tasmanian Polwarth
编织方法　p.101

p.42 ▶花样 044

黑莓与生命之树花样开衫
〈女款M号〉

这是一款海军蓝色的插肩袖开衫，穿搭可精致可休闲。身片和袖子上设计了密实的花样，编织起来充满了成就感。解开纽扣，当作外套披在身上也很漂亮。

设计 风工房
用线 芭贝 British Eroika
编织方法 p.102

p.26 ▶花样 025
p.65 ▶花样 078

黑莓与生命之树花样开衫
〈女款M号〉

黑莓与生命之树花样套头衫
〈男款M号〉

将94页的女款开衫改编成了男款尺寸的套头衫。衣领是双层设计，显得更加紧致有形。还可以通过身片中间的黑莓花样、胁部和袖下的桂花针调整毛衣的尺寸。

设计　风工房
用线　芭贝 British Eroika
编织方法　p.*103*

p.26 ▸花样 *025*
p.65 ▸花样 *078*

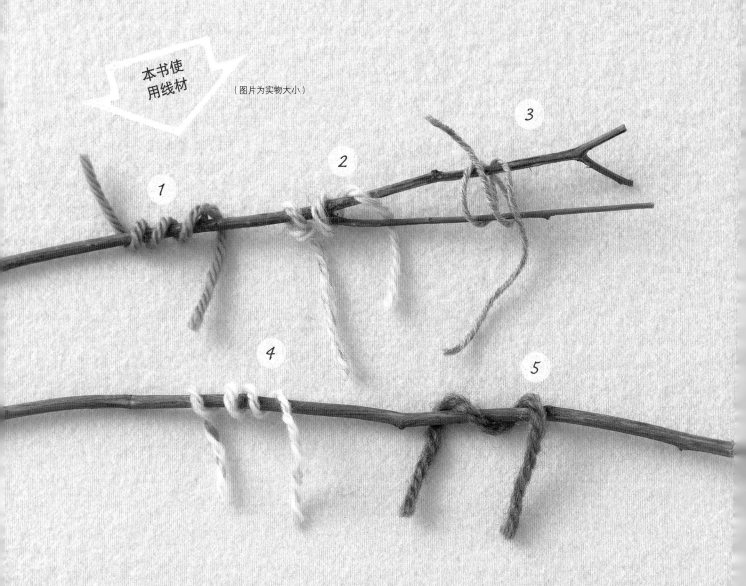

本书使用线材
（图片为实物大小）

	厂商	线名	成分	规格	线长	线的粗细	适用棒针号数
1	芭贝	Queen Anny	羊毛100%	50g	97m	中粗	6～7号
2	芭贝	British Eroika	羊毛100%	50g	83m	极粗	8～10号
3	Ski	Tasmanian Polwarth	羊毛100% （塔斯马尼亚普罗旺斯羊毛）	40g	134m	粗	4～6号
4	和麻纳卡	Aran Tweed	羊毛90%， 羊驼绒10%	40g	82m	中粗	8～10号
5	和麻纳卡	Men's Club Master	羊毛60%， 腈纶40%	50g	75m	极粗	10～12号

●线的粗细为大致表述，仅供参考。

1、2 大同好望得（DAIDOH FORWARD）株式会社 芭贝（PUPPY）事业部
http://www.puppyarn.com

3 元广株式会社
https://www.skiyarn.com/

4、5 和麻纳卡（HAMANAKA）株式会社
http://www.hamanaka.co.jp

注：本书编织图中未标单位的数字均以厘米（cm）为单位。

作品的编织方法

How to Knit

基础编织方法
Basic Technique Guide

○用线　和麻纳卡 Aran Tweed 米色(1)105g
○工具　棒针8号、6号
○成品尺寸　头围54cm，帽深24cm
○编织密度　10cm×10cm面积内：编织花样23.5针，25行
○编织要点

另线锁针起针，按编织花样开始做环形编织。帽顶的分散减针请参照图示。编织结束时，在最后一圈的针目里穿2次线后收紧。拆开另线起针时的锁针，一边减针一边挑取指定针数，环形编织单罗纹针。编织结束时，做环形的单罗纹针收针。

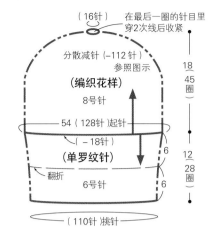

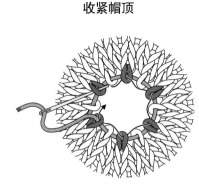

收紧帽顶

每隔1针，分2次穿线后收紧。
注意不要扭转针目的方向。

编织花样

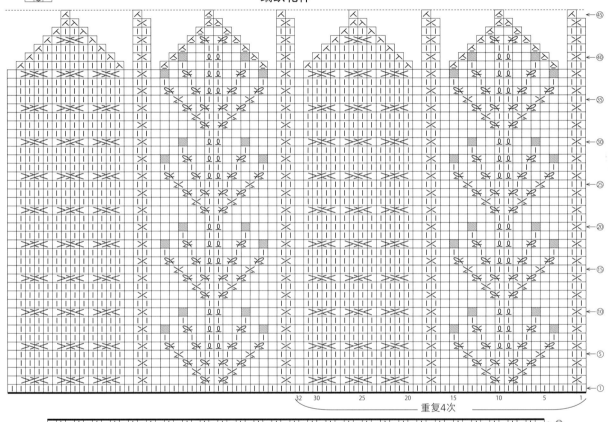

单罗纹针

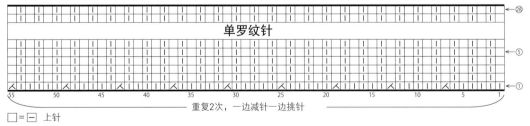

□ = — 上针

单罗纹针收针(环形编织)

在针目1(编织起点)里入针，从针目2的后面出针。接着从针目1的前面入针，从针目3的前面出针。

从针目2的后面入针，从针目4的后面出针(上针对上针)。

从针目3的前面入针，从针目5的前面出针(下针对下针)。重复步骤2、3。

编织终点，从针目2′的前面入针，从针目1的前面出针。

p.92 竹篮花样围脖

○用线　Ski Tasmanian Polwarth 灰色（7026）70g

○工具　棒针6号（引拔接合时使用5/0号钩针）

○成品尺寸　宽15cm，周长49cm

○编织密度　10cm×10cm面积内：编织花样50针，36行

○编织要点

手指挂线起针，按编织花样做往返编织。编织176行后，将织物正面朝内对折，再将编织起点和编织终点引拔接合成环形。

休针

（编织花样）
6号针

49
(176
行)

正面相对，
做引拔接合

←—15（75针）起针—→

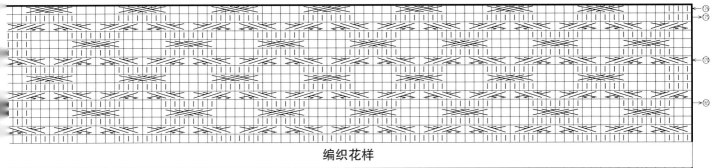

编织花样

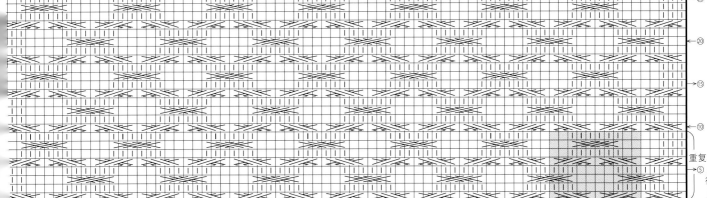

= □ 上针

10针1个花样

重复

8行1个花样

引拔接合

将目1′（上针）的后面入针，从2的后面出针。

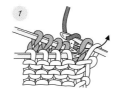

将线拉出，完成。在针目1和2中一共插入3次缝针。

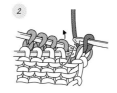

将织物正面相对，在2层织片的边针里插入钩针后挂线，一次性引拔。

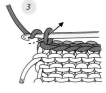

下一针也用相同方法插入钩针，挂线后一次性引拔穿过3个线圈。

重复步骤2。最后引拔穿过线圈，收紧针目。

p.91 麻花花样地板袜

○用线　和麻纳卡 Men's Club Master 灰茶色(46)、柿红色(60)各110g

○工具　棒针12号、9号、8号

○成品尺寸　袜底长23cm，袜筒高18cm

○编织密度　10cm×10cm面积内：下针编织14.5针，20行；编织花样20针，20行。

○编织要点

另线锁针起针，从袜跟位置开始分成2片编织。分别编织6行后，在第7行做卷针加针作为袜底的针目。然后将2片连起来继续往返编织14行。在袜背的中心做卷针加针，将袜背与袜底连起来做环形编织。参照图示在袜头减针，编织结束时做下针无缝缝合(参照p.107)。袜跟部位对齐相同标记做下针无缝缝合、针与行的缝合。从指定位置挑针，一边调整密度一边环形编织单罗纹针。编织结束时，做下针织下针、上针织上针的伏针收针。

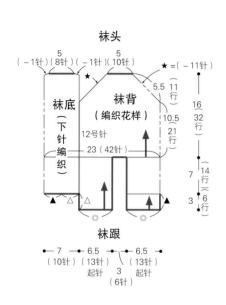

袜头

袜跟

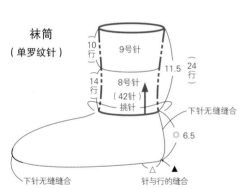

袜筒
(单罗纹针)

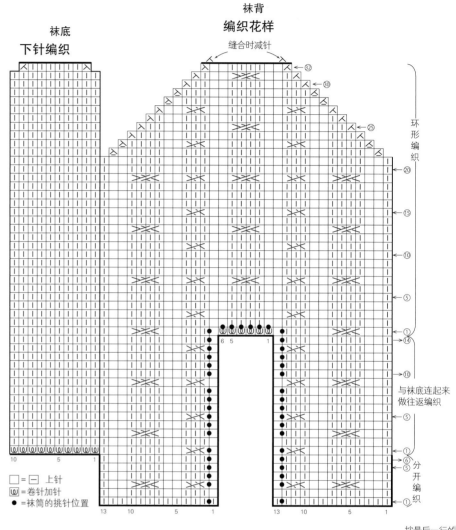

袜底
下针编织

袜背
编织花样

□ = □ 上针
Ⓦ = 卷针加针
● = 袜筒的挑针位置

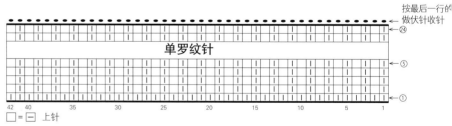

单罗纹针

□ = □ 上针

针与行的缝合

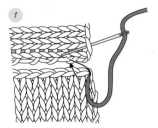

在行上挑针时，挑取1针内侧针目与针目之间的渡线。在针目里挑针时，每次在2针里插入缝针。

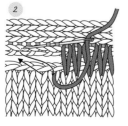

行数较多时，在若干处一次性挑取2行进行调整。交替在针目与行中插入缝针，将缝合线拉至看不到线迹为止，注意不要拉得太紧。

卷针加针 Ⓦ

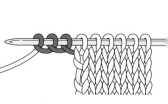

在食指所绕线圈里插入棒针后退出手指。

重复步骤 1，3针卷针完成。

p.93 菱形与生命之树花样连指手套

○用线　Ski Tasmanian Polwarth 粉红色（7012）50g

○工具　棒针3号、1号

○成品尺寸　掌围18cm，长24.5cm

○编织密度　10cm×10cm面积内：上针编织26.5针，41行；编织花样9cm 35针，10cm41行

○编织要点

手指挂线起针，开始环形编织双罗纹针。编织34圈后换针，接下来手掌编织上针，手背按编织花样继续编织。在拇指位置编入另线。指尖的减针请参照图示。编织结束时，在剩下的针目里穿2次线后收紧（参照 p.98）。拇指解开另线挑针后，环形编织上针。编织结束时，在最后一圈的针目里穿2次线后收紧。

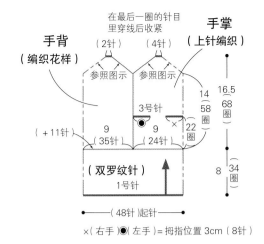

×（右手）◉（左手）=拇指位置3cm（8针）

右手

编织花样　　　　　　　　　　　　　上针编织

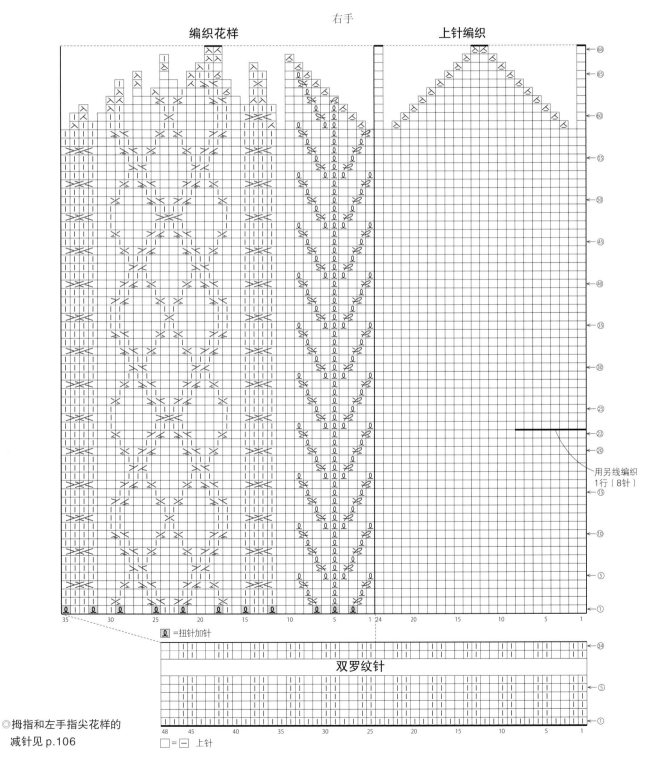

Ⴑ=扭针加针

◎拇指和左手指尖花样的
　减针见 p.106

双罗纹针

□=⊟上针

○**用线** 芭贝 British Eroika 海军蓝色(101)585g
○**其他** 直径23mm的纽扣7颗
○**工具** 棒针9号、7号、6号
○**成品尺寸** 胸围95.5cm,衣长63cm,连肩袖长72cm
○**编织密度** 10cm×10cm面积内:桂花针16针,22.5行;编织花样A 84针40cm,编织花样B 39针19cm,编织花样A、B均为10cm 22.5行
○**编织要点**
身片…手指挂线起针后开始编织。下摆编织扭针的单罗纹针,接着平均加针,按编织花样A和桂花针编织。腋下的针目编织伏针,插肩线立起侧边3针减针。编

织结束时做伏针收针,后身片一边在中心的花样减针一边做伏针收针。前身片左右对称地编织2片。
袖子…与身片一样起针后开始编织,接着编织花样B和桂花针。袖下在1针内侧做扭针加针,插肩线做伏针减针和立起侧边3针的减针。编织结束时做伏针收针。左右对称地编织2片。
组合…对齐身片与袖子的插肩线做挑针缝合。胁部、袖下也做挑针缝合。腋下的针目做下针无缝合。按衣领、前门襟的顺序,分别挑针后编织扭针的单罗纹针,在右前门襟留出扣眼。编织结束时按最后一行的针目做伏针收针。最后在左前门襟缝上纽扣。

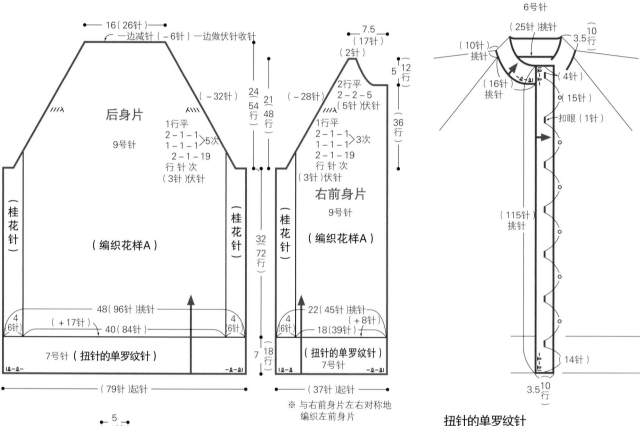

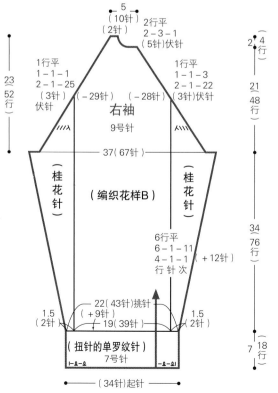

衣领、前门襟
(扭针的单罗纹针)
6号针

扭针的单罗纹针
(右前门襟)
※开衫的衣领与左前门襟上没有扣眼,按相同要领编织

□=|−| 上针
〼=扭针的左上2针并1针

扭针的单罗纹针
(下摆、袖口 ※套头衫也一样)

□=|−| 上针

◎身片与袖子的编织花样符号图见 p.104~10

○用线　芭贝 British Eroika 浅米色（143）780g

○工具　棒针9号、7号、6号

○成品尺寸　胸围112cm，衣长67cm，连肩袖长82cm

○编织密度　10cm×10cm面积内：桂花针16针，22.5行；编织花样 A 84针40cm，编织花样 B 39针19cm，编织花样 A、B 均为10cm22.5行

○编织要点

身片…手指挂线起针后开始编织。下摆编织扭针的单罗纹针，接着按编织花样 A 和桂花针编织，注意在第1行平均加针。腋下的针目编织伏针，插肩线立起侧边

3针减针。编织结束时做伏针收针，不过后身片一边在中心的花样减针一边做伏针收针。

袖子…与身片一样起针后开始编织，接着做编织花样 B 和桂花针。袖下在1针内侧做扭针加针，插肩线做伏针减针和立起侧边3针的减针。编织结束时做伏针收针。左右对称地编织2片。

组合…对齐身片与袖子的插肩线做挑针缝合。胁部、袖下也做挑针缝合。腋下的针目做下针无缝缝合。衣领环形编织扭针的单罗纹针，在图示位置更换针号编织。编织结束时做伏针收针，然后向内侧翻折，与挑针位置做藏针缝缝合。

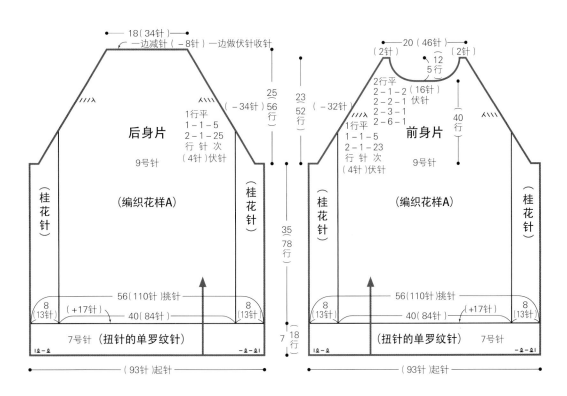

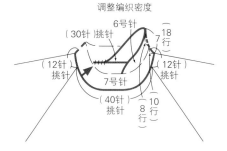

衣领（扭针的单罗纹针）
调整编织密度

扭针的单罗纹针 （衣领）

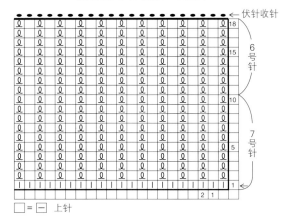

□ = ⊢ 上针

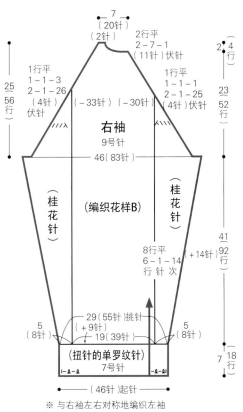

※ 与右袖左右对称地编织左袖

◎身片与袖子的编织花样符号图见 p.104~107

◎接"黑莓与生命之树花样开衫（ p.102 ）、套头衫（ p.103 ）"

134 130 125 120 115 110 105 100 95 90 85 80 78 75 72 70 65 60 55

前、后身片

套头衫

开衫

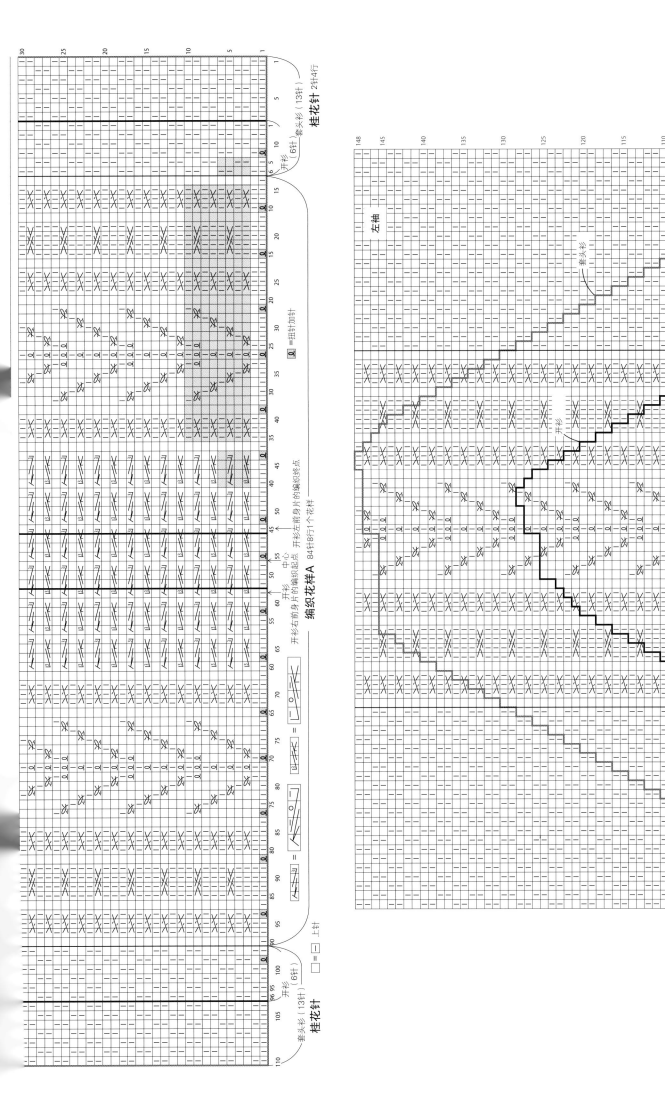

105

◎接"黑莓与生命之树花样开衫（ p.102 ）、套头衫（ p.103 ）"

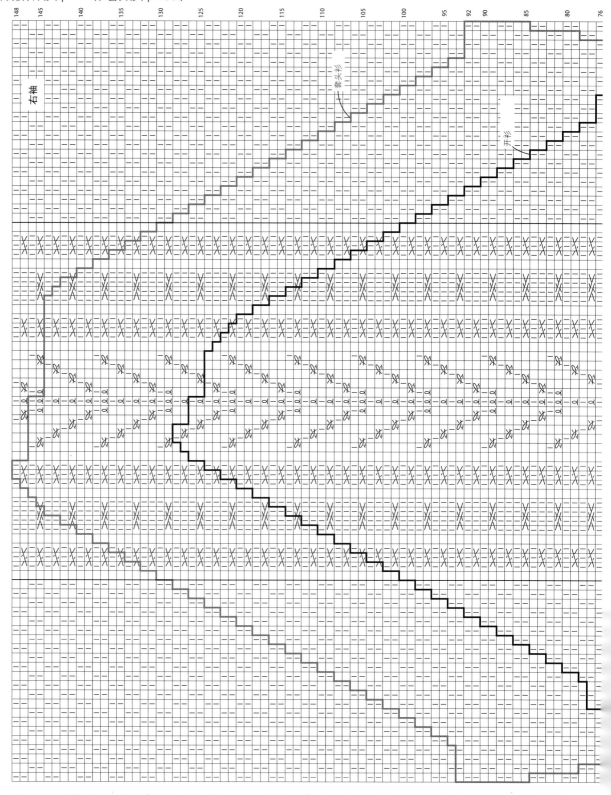

◎接"菱形与生命之树花样连指手套（ p.101 ）"

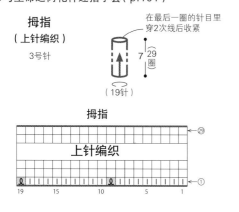

拇指
（上针编织）
3号针

在最后一圈的针目里
穿2次线后收紧

7 29
圈

（19针）

拇指

上针编织

29

19   15   10   5   1

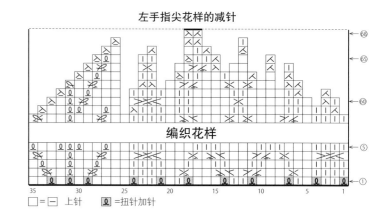

左手指尖花样的减针

编织花样

35   30   25   20   15   10   5   1

□=⼀ 上针   ℓ=扭针加针

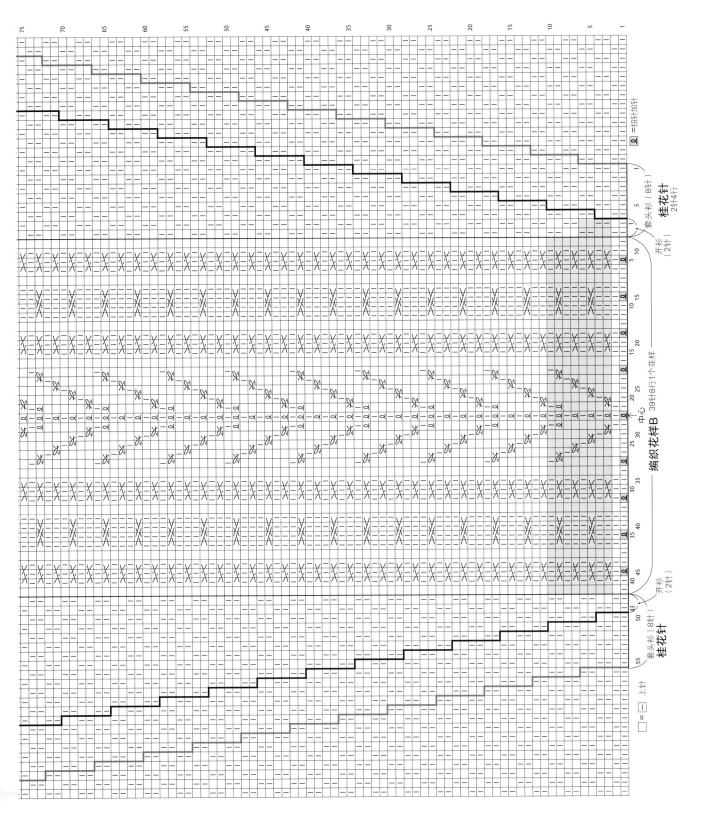

75　70　65　60　55　50　45　40　35　30　25　20　15　10　5　1

図=扭针加针

桂花针
（2针4行）

套头衫（8针）

开衫（2针）

5

编织花样B　39针8行1个花样

中心

开衫（2针）

套头衫（8针）

桂花针

□=－－＝上针

下针无缝缝合

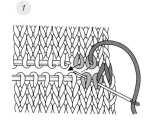

对齐2片织物，在2个边针里插入缝针。接下来依次在前片和后片的2针里插入缝针。

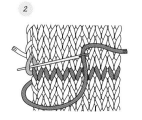

最后在后片织物的针目里从前往后插入缝针。织物的边上有半针的错位。

挑针缝合

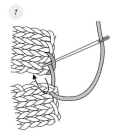

前、后2片织物均用缝针在起针行的线里挑针。

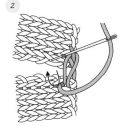

在边上1针内侧针目与针目之间的渡线里交替挑针，每次挑取1行，然后拉紧缝线。

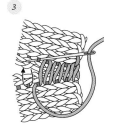

重复步骤2，将缝线拉紧至看不到线迹为止。注意不要拉得太紧。

107

基础编织方法 Basic Technique Guide

左上1针交叉

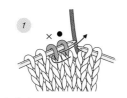

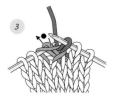

如箭头所示，从针目●的前面将右棒针插入针目×里。

针头挂线后如箭头所示拉出，编织下针。

不要取下已织的针目，接着在针目●里插入右棒针，编织下针。

左上1针交叉完成。

右上1针交叉

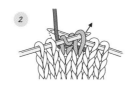

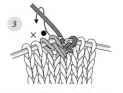

如箭头所示，从针目●的后面将右棒针插入针目×里。

针头挂线后如箭头所示拉出，编织下针。

不要取下针目×，接着在针目●里插入右棒针，编织下针。

右上1针交叉完成。

左上2针交叉

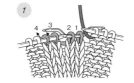

将针目1、2移至麻花针上放在织物的后面，在针目3、4里编织下针。

在针目1里插入右棒针，编织下针。

在针目2里也编织下针。

左上2针交叉完成。

右上2针交叉

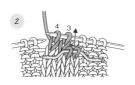

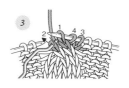

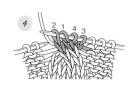

将针目1、2移至麻花针上放在织物的前面，在针目3和针目4里编织下针。

如箭头所示在针目1里插入右棒针，编织下针。

在针目2里也编织下针。

右上2针交叉完成。

左上2针交叉
（中间有1针上针）

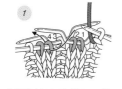

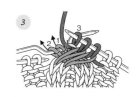

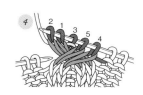

分别将针目1和针目2、针目3移至不同的麻花针上都放在织物的后面，在针目4、5里编织下针。

将针目1和针目2从针目3的前面移至左边，再在针目3里编织上针。

在针目1和针目2里编织下针。

左上2针交叉（中间有1针上针）完成。

右上2针交叉
（中间有1针上针）

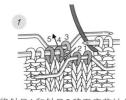

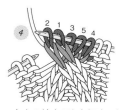

将针目1和针目2移至麻花针上放在织物的前面，将针目3移至麻花针上放在织物的后面，在针目4、5里编织下针。

如箭头所示，在针目3里插入右棒针，编织上针。

在针目1、2里编织下针。

右上2针交叉（中间有1针上针）完成。

左上1针交叉
（下方为上针）

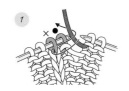

如箭头所示，从针目●的前面将右棒针插入针目×里，编织下针。

不要取下已织的针目，接着从后面将右棒针插入针目●里。

针头挂线，编织上针。

左上1针交叉（下方为上针）完成。

右上1针交叉
（下方为上针）

① 将线放在织物的前面，如箭头所示，从针目●的后面将右棒针插入针目×里。

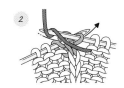
② 针头挂线，编织上针。

③ 不要取下已织的针目，接着在针目●里插入右棒针，编织下针。

④ 右上1针交叉（下方为上针）完成。

左上扭针的1针交叉
（下方为上针）

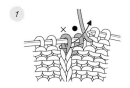
① 如箭头所示，从针目●的前面将右棒针插入针目×里，再将针目×拉出至针目●的右侧。

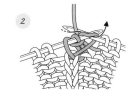
② 如箭头所示将线拉出，编织下针的扭针。

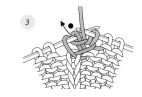
③ 不要取下已织的针目，接着从后面将右棒针插入针目●里，编织上针。

④ 左上扭针的1针交叉（下方为上针）完成。

右上扭针的1针交叉
（下方为上针）

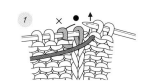
① 如箭头所示，从针目●的后面将右棒针插入针目×里。

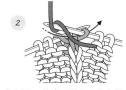
② 将针目×拉出至针目●的右侧。如箭头所示将线拉出，编织上针。

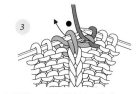
③ 不要取下已织的针目，接着在针目●里插入右棒针，编织下针的扭针。

④ 右上扭针的1针交叉（下方为上针）完成。

中上1针的左右1针交叉

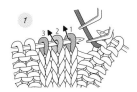
① 将针目1和针目2分别移至2根麻花针上。

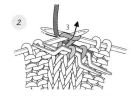
② 将针目1和针目2都放在织物的前面。在针目3里插入右棒针，编织下针。

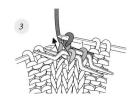
③ 将针目2放在前面，将针目1移至左边。在针目2里插入右棒针。

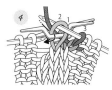
④ 编织下针。

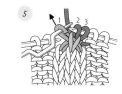
⑤ 在针目1里插入右棒针。

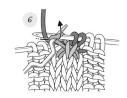
⑥ 编织下针。

⑦ 中上1针的左右1针交叉完成。

穿过左针的交叉
（左套右的交叉针）

① 在针目2里插入右棒针，如箭头所示将其覆盖在针目1上，交换2针的位置。

② 如箭头所示，在针目2里插入右棒针，编织下针。

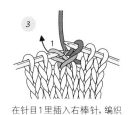
③ 在针目1里插入右棒针，编织下针。

④ 穿过左针的交叉（左套右的交叉针）完成。

穿过右针的交叉
（右套左的交叉针）

① 如箭头所示插入右棒针，将针目1和针目2移至右棒针上。

② 用左棒针挑起针目1，将其覆盖在针目2上，同时移回至左棒针上。

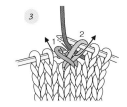
③ 在右棒针上挂线，按针目2、1的顺序编织下针。

④ 穿过右针的交叉（右套左的交叉针）完成。

滑针

$\begin{array}{c}\text{V} \leftarrow \bullet \\ \Rightarrow \times\end{array}$

不编织，直接移至右棒针上

① 将线放在织物的后面，针目不编织，直接移至右棒针上。

移过来的针目

② 编织下一针。

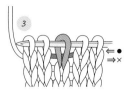
$\Leftarrow \bullet$
$\Rightarrow \times$

③ 滑针完成。

$\Leftarrow \bullet$
$\Rightarrow \times$

④ 下一行按符号图编织。

左上滑针的1针交叉

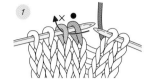
① 从针目●的前面将右棒针插入针目×里。

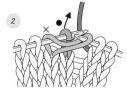
② 将针目×拉出至右侧，接着在针目●里插入右棒针。

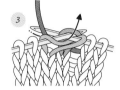
③ 编织下针，退出左棒针。

滑针

④ 左上滑针的1针交叉完成。

右上滑针的1针交叉

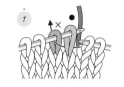
① 从针目●的后面将右棒针插入针目×里。

② 编织下针。

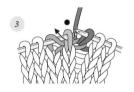
③ 在针目●里插入右棒针，直接移过针目。

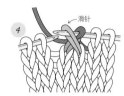
滑针

④ 右上滑针的1针交叉完成。

左上3针并1针和1针放3针的加针

$\begin{array}{c}\text{3} \\ \times\end{array}$

$\text{3} = \text{loi}$ 的情况

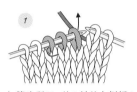
① 如箭头所示，从3针的左侧插入右棒针。

② 挂线后拉出，编织下针。

③ 不要退出左棒针，紧接着在同一针目里编织挂针、下针。

④ 左上3针并1针和1针放3针的加针完成。针数没有变化。

穿过左针的盖针（铜钱花）（3针的情况）

| L | O | D |

覆盖

① 在第3针里插入右棒针，如箭头所示将其覆盖在右边的2针上。

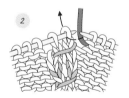
② 在第1针里编织下针。

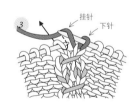
③ 接着编织挂针、下针。

挂针　下针　下针

④ 穿过左针的盖针（3针的情况）完成。

5针2行的结编

$\begin{array}{c}\text{5}\end{array}$

$\text{5} = \text{loiol}$ 的情况

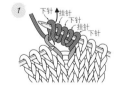
下针 挂针 下针 挂针 下针

① 在1针里编织出5针（下针、挂针、下针、挂针、下针），然后将针目移至左棒针上。

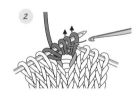
② 如箭头所示，一针一针地插入钩针，将针目移至钩针上。

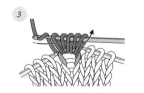
③ 钩针挂线，从5针中拉出，再将拉出的针目移回至右棒针上。

④ 5针2行的结编完成。

5针5行的枣形针（中上5针并1针）

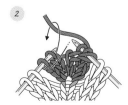
① 在1针里编织出5针，接着往返编织3行。在右边的3针里插入右棒针移过针目。

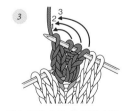
② 在剩下的2针里一起插入右棒针，编织下针。

3
2
1
③ 用左棒针依次挑起刚才移过来的3针覆盖在下针上。

④ 5针5行的枣形针（中上5针并1针）完成。

下滑3行的泡泡针

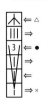

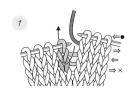

① 如箭头所示，在前3行的针目里插入右棒针。

② 在同一针目里编织出下针、挂针、下针，然后取下左棒针上的1针。

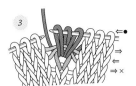

③ 将刚才取下的针目拆开。

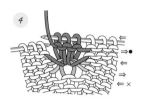

④ 下一行在加出的3针里编织上针。

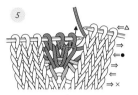

⑤ 下一行在加出的3针编织中上3针并1针。

⑥ 下滑3行的泡泡针完成。

3针中长针的枣形针
（立织2针锁针）

① 从前面插入钩针，挂线后拉出。

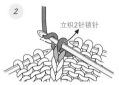

② 立织2针锁针。

③ 钩针挂线，再在刚才织出的同一针目里插入钩针。

④ 钩3针未完成的中长针。

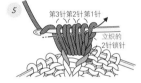

⑤ 挂线，一次性引拔穿过所有的线圈。

⑥ 再次挂线引拔，收紧针目。

⑦ 3针中长针的枣形针完成。

⑧ 注意不要扭转针目，将钩针上的针目移回至右棒针上。

2针长针的枣形针

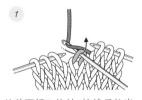

① 从前面插入钩针，挂线后拉出，立织3针锁针。

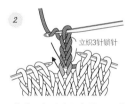

② 挂线，在刚才织出的同一针目里插入钩针。

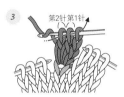

③ 钩2针未完成的长针。再次挂线，一次性引拔穿过所有的线圈。

④ 注意不要扭转针目，将钩针上的针目移回至右棒针上。2针长针的枣形针完成。

1针放3针的拉针

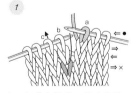

① 在●行进行操作。首先在针目a里编织下针，接着在针目b的前3行里插入右棒针。

② 挂线后拉出。针目b和针目c也按相同方法编织。

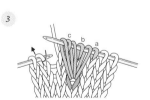

③ 继续编织后面的针目。

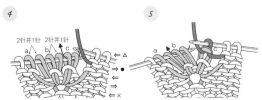

④ △行是从反面编织的行。在c处的2针里插入右棒针，编织2针并1针。

⑤ b处的2针、a处的2针也按相同方法编织2针并1针。

⑥ 1针放3针的拉针完成（反面）。

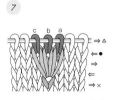

⑦ 这是从正面看到的状态。

ZOUHO KAITEIBAN ARAN MOYOU110（NV70615）

Copyright© NIHON VOGUE–SHA 2020 All rights reserved.

Photographers: Noriaki Moriya

Original Japanese edition published in Japan by NIHON VOGUE Corp.

Simplified Chinese translation rights arranged with BEIJING BAOKU INTERNATIONAL CULTURAL DEVELOPMENT Co., Ltd.

备案号：豫著许可备字–2020–A–0020

图书在版编目（CIP）数据

阿兰花样110 / 日本宝库社编著；蒋幼幼译.—郑州：河南科学技术出版社，2022.1（2024.11重印）

ISBN 978–7–5725–0620–8

Ⅰ.①阿… Ⅱ.①日… ②蒋… Ⅲ.①手工编织—图解 Ⅳ.①TS935.5–64

中国版本图书馆CIP数据核字（2021）第231710号

出版发行：河南科学技术出版社

地址：郑州市郑东新区祥盛街27号　　邮编：450016

电话：（0371）65737028　　65788613

网址：www.hnstp.cn

策划编辑：刘　欣

责任编辑：刘　欣

责任校对：王晓红

封面设计：张　伟

责任印制：张艳芳

印　　刷：郑州新海岸电脑彩色制印有限公司

经　　销：全国新华书店

开　　本：890 mm×1 240 mm　1/16　印张：7　字数：200千字

版　　次：2022年1月第1版　　2024年11月第2次印刷

定　　价：59.00元

如发现印、装质量问题，影响阅读，请与出版社联系并调换。